大是文化

早午餐聖經

超過 2,000 天不重複食譜，
嚴選 42 道最撩人食慾，

UI 設計師精心設計擺盤，
烹調簡單開店絕讚。

百萬美食部落客 **吳充** —— 著

ChargeWu's
BREAKFAST
PLANET

CONTENTS

推薦序
懂擺盤，更好賣也更好拍

好初早餐社長／Matt

「好初早餐」已經開業滿十年了，因為工作的緣故，我書架上的早午餐類型書籍不下二十本，從基本的臺式、美式早午餐，到近幾年流行的韓系早午餐，都曾經買來翻閱過。

說起來有些不好意思，剛收到書時，還以為這又只是一本照片美美的早午餐書；這類書籍有個公式：美美的食物照＋簡易食譜。書店裡常常會看到這種書，能讓讀者買回去、再下手做個幾道菜，作者就功德圓滿了。我開好初早餐這麼多年，還需要再多看這麼一本書嗎？

但開始翻閱時，卻覺得有些驚奇。

「咦？這個開頭……這算是一本減重書嗎？」

我身為一個胖胖大叔，至今已經胖了三十多年，因為體重的緣故，書架上的減肥書籍也超過二十本，從運動重訓到生酮低碳飲食都親身體驗過，也持續失敗中……不過，我沒想到的是，《早午餐聖經》竟然會從減重這個主題開始！

作者在每天準備「不重複早餐」的前三個月，就瘦了十公斤，接下來整個身形變化宛如運動員般精壯。看到這裡，我還有理由不讀下去嗎？

書裡作者也寫出了自己的飲食觀，例如怎麼吃才會瘦？以及營養素的各種常識（你有聽過 NRV 值嗎？）。讓我不禁在想，這本書要帶我到哪去？

讀到作者介紹製作早午餐的廚具、自己使用的餐具刀叉時，我就覺得作者品味很好，應該是設計業，或是強迫症患者（結果還真的是 UI 設計師，猜對！）。也難怪整本書的排版非常美觀，跟其他的早午餐食譜，或是減重書籍完全不是同一個檔次。

有了這一個特別的職業身分，讓我更期待進入主題，看看作者是如何料理早午餐。除了不同風格的菜譜（當然有附上美照），還有各種廚房小撇步，身為從業人員的我都筆記了很多知識。

然而我要特別說說第四章的擺盤，很建議大家一定要看看。

因為擺盤不只是一般讀者的弱項，也是很多餐飲業者沒能處理好的題目，常常會有食物雖然好吃，但整盤看起來亂糟糟的樣子。

作者在書裡提供了很實用的技巧，像是「對比」：擺盤中必須有大小、繁簡、明暗的差別，呈現出的畫面才會有節奏感，提升食慾。另外還有「立體感」，這也是許多人在擺盤上常忽略的一點，要把食物想像成雕塑品，而不只是平面浮雕；製造出體積與存在感，這樣的食物就會更好賣，也更好拍照！

說到拍照，附錄還有攝影教學（這時候我已經完全不意外了），除了怎麼拍比較好看，運用哪個 App 比較適合修圖調色，修圖的技巧都講完了。當然，你會完全相信這個作者的品味，畢竟這本書每張照片都證明了這一切。

前言
我用照片記錄每日早餐與身形

我在學生時期很瘦，一直認為自己擁有「吃不胖體質」，還很不理解為什麼有些人會因為減肥而苦惱，我那時覺得就算自己胖了，也可以輕鬆的減重。直到畢業後，我才慢慢的變成了一個胖子……。

回憶一下，我是怎麼胖起來的呢？工作忙、壓力大、運動越來越少，再加上結婚後，我和老婆都屬於吃貨——零食、消夜，想吃就吃，從不忌口；蛋糕、薯片、炸雞、啤酒、可樂，都是我們的最愛。毫無意外的……我和老婆都胖了起來。

在發胖後，我一直嘗試各種方法減肥，因為變胖之後真的很不快樂！每當看到鏡子裡胖胖的自己，我都在想——這不是我，我不應該是這樣的！我試過節食，比如不吃晚飯，當時倒是瘦了幾公斤，但恢復正常飲食之後很快又胖回去了。

我也試過運動，比如有段時間我會堅持晨跑，每次跑完步都很有成就感，所以就會在早點攤買兩根油條犒賞自己，就這樣大概堅持了一、兩個月。毫不誇張的說，一公斤都沒瘦下來。我甚至還吃過減肥藥，但吃完之後就會心悸、噁心，吃了兩次就不敢再吃了。

後來因為一個偶然的機會，我看了 BBC（British Broadcasting Corporatio，英國廣播公司）關於減肥的一個短片，了解到健康飲食的重要，發現我們常聽到的「七分吃，三分練」，其實一點都不誇張，所以我和老婆就決定從飲食開始調整。

在最初的 3 個月裡，我們幾乎沒做什麼運動，但我卻成功減重 10 公斤，老婆甚至減了 20 公斤！這種明顯的變化給了我們很大的動力，我便繼續深入研究健康飲食的知識，並且開始增加運動，給自己制定有規律的訓練計畫，逐漸走上了健康之路。

健康飲食中很重要的一點就是要吃好早餐。我以前都是有時間就在外面買一點早餐，沒時間就不吃了；而後來發現外面的早餐大多熱量較高，所以便決定在家裡自己做。

最初幾個月我只買一些吐司和牛奶，再煮個雞蛋，用 10 分鐘左右準備早餐。不過，可能因為我學設計，從小就對「美」比較在意，而且又是一枚吃貨，所以對早餐的要求越來越高──我希望它可以兼顧健康、美味和美觀。於是，曾經很少下廚的我，漸漸研究起了烹飪與擺盤。

2014 年 9 月 6 日，我開始了堅持用照片記錄每日早餐的計畫，並且至今從未間斷。至於為何我會把「早餐」與「堅持記錄」連結在一起？這還要從我之前看到的一段短片說起──影片中的外國小哥每天會拍一張自拍，一直持續了 6 年。接著他把這些照片合成為一段短片，可以在幾分鐘之內看完他 6 年的臉部變化。

這段短片給了我極大的震撼，自拍是每個人都會做的事，但他卻可以把一件普通的事做得如此瘋狂，可能整個地球上也不曾有人這麼做過，這絕對是一筆無法用金錢衡量的財富，簡直太酷了！所以我想，既然每天都要吃好早餐，也許我也可以嘗試堅持記錄自己的早餐。

堅持健康飲食和記錄早餐，帶給了我很多意想不到的收穫。我獲得了上百萬人的關注和更多的合作機會，甚至因此改變了自己的職業方向，當然，也包括出版這本書。作為一名設計師，設計自己的書一直是我的夢想，但萬萬沒想到，第一本竟然是與食物有關的書。值得慶幸的是，無論是設計書還是美食，現在都已經成為讓我非常著迷的興趣了。

Non-repeating
BREAKFAST
in 10000 days

CHARGE
Non-repeating breakfast in 365 days a year

Non-repeating
BREAKFAST
in
days

Non-repeating
BREAKFAST
in 10000 days

BREAKFAST PLANET

ALL FOR JOY
NON-REPEATING BREAKFAST IN 365 DAYS A YEAR

BREAKFAST PLANET

CHARGE
WU
Non-repeating breakfast in 365 days a year

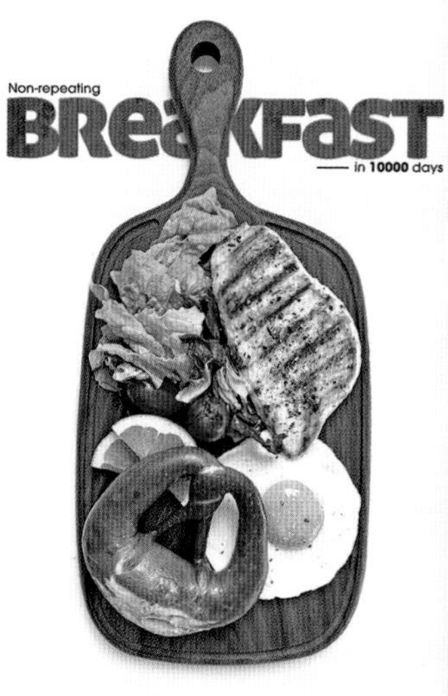
Non-repeating
in 10000 days

第一章

我的飲食觀

Healthy Diet

早餐紀錄超過
嚴選 42 道最

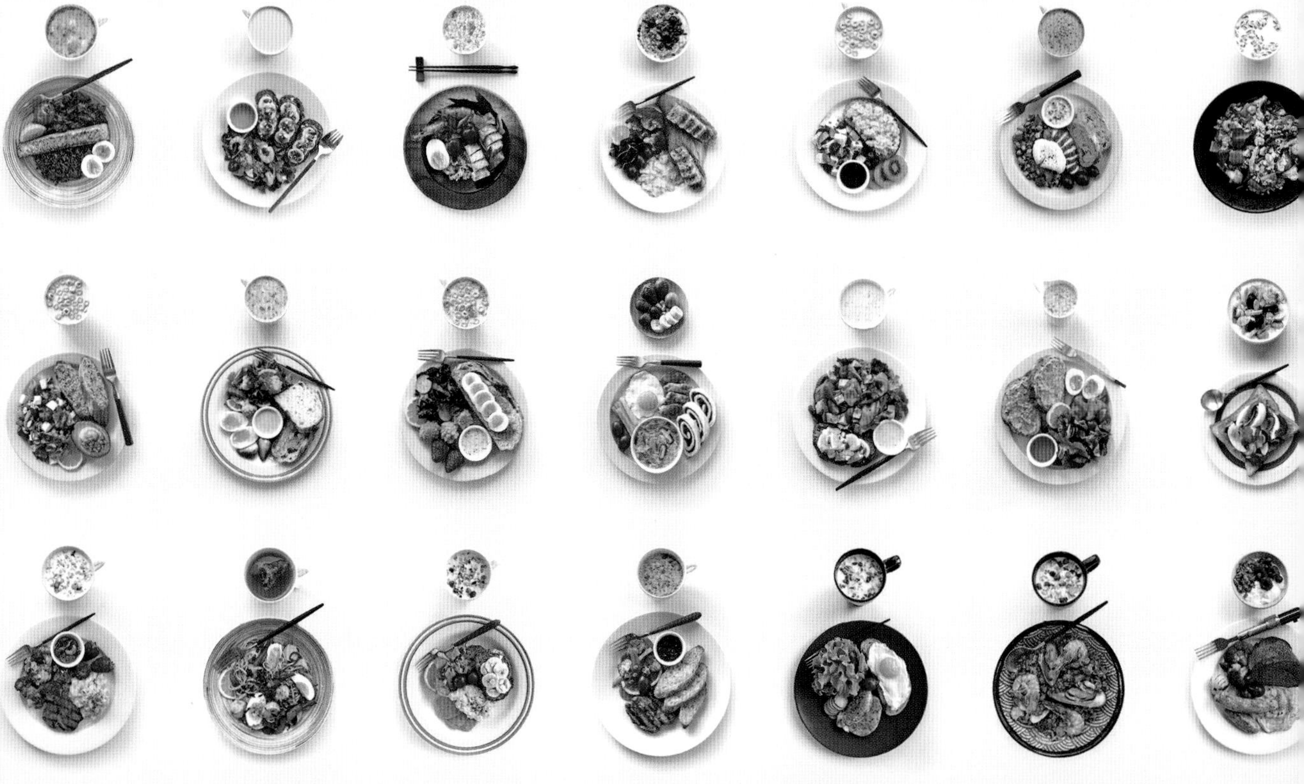

2,000 天，
療人食譜！

堅持健康飲食和

COMPARISON OF EFFECT

我的對比照

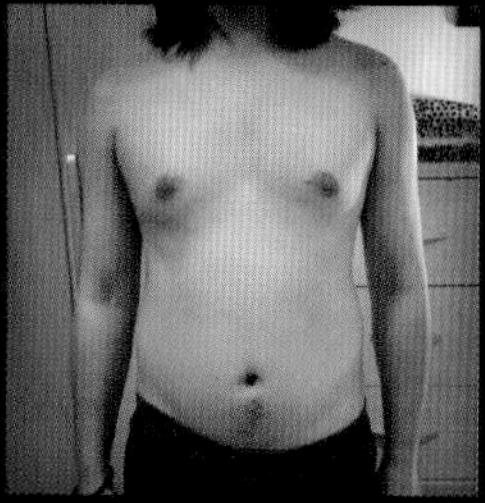

2013年

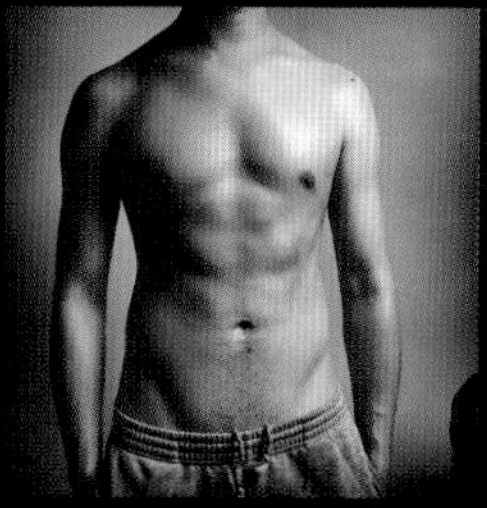

2014年

2015年

2016年

健身後的變化

我老婆的對比照

2013年

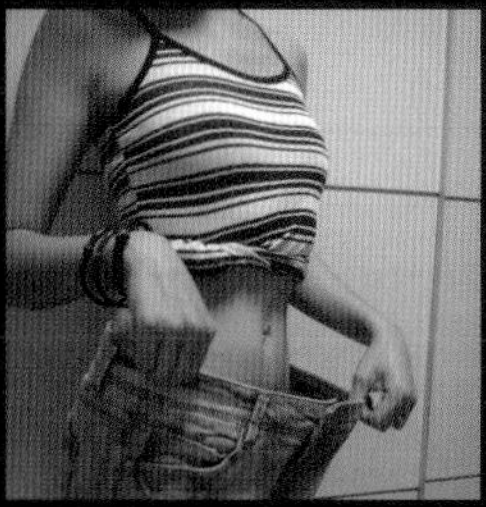

2014年

2015年

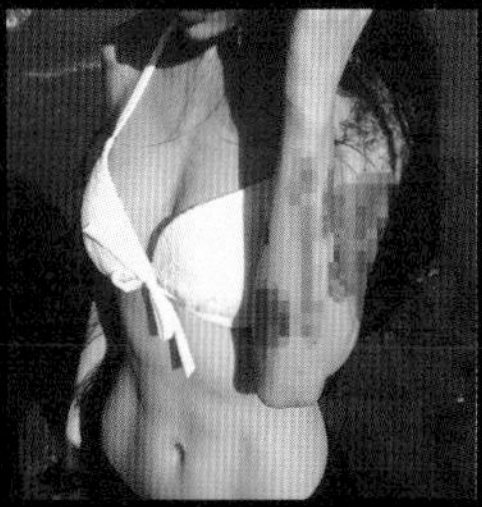

2016年

2014-01

3 個月減重 10 公斤

2014 年之前的我是個胖子。之後我了解到健康飲食的重要性，開始調整自己的飲食習慣。年初利用 3 個月的時間減重了 10 公斤。

2014-05

開始進行簡單的運動

5 月開始進行一些簡單的運動，如跳繩、伏地挺身等。但由於長時間缺乏運動，我的身體機能很差，跳繩 200 下就累得不行。

2014-09

早餐記錄開始了

9 月 6 日，開始記錄每天的早餐。在這之前，我在家吃早餐已經有幾個月了，只是食材比較簡單，主要是為了健康和減脂。

2014-10

進入健身階段

10 月，在進行了幾個月簡單的運動之後，我準備了啞鈴、啞鈴椅、瑜伽墊等道具，並制定了健身計畫。

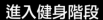

2015-01
新的一年，新的身體

經過一年的堅持，我的身材與之前相比，有了明顯的變化，肌肉線條開始顯露，這也給了我繼續堅持下去的動力。

2015-09
早餐記錄一週年

沒想到我可以把記錄早餐這件事堅持這麼久，這一年我不但收穫了健康和好身材，而且做事情更加有自信，也認識了很多志趣相投的朋友。

2015-10
開始籌備這本書

從 2015 年開始，陸續有一些出版社找我商討出書的事，把減脂和做早餐的心得寫成書分享給大家，也是我的心願，所以我決定寫這本書。

2017-06
早餐記錄 1,000 天

在完成了 365 天不重複早餐的記錄之後，我把目標定為了 1,000 天，現在也完成了！那麼下一個目標就是 10,000 天早餐不重複啦！

美味與健康都要兼顧

ABOUT FOOD

快樂
Joy

活著就是為了快樂

在我看來，人活著就是為了快樂，我做的所有事都是為了快樂，我做早餐也是希望每天一早就覺得快樂。做早餐對我來說就是快樂，快樂大於健康、大於美味、大於美觀。不管做什麼，快樂是最重要的，哪怕你擁有健康，再健康，不快樂，也沒有意義。

健康
Healthy

健康的身體使我強大

自從開始健康飲食，我的身體變好了，肚腩也變成了腹肌，連精神力、責任心、意志力和抗壓能力都變強了。健康是一件可以影響身心的事，長期保持健康的飲食習慣，從外在的身材，到內在的心情，都會變得更輕鬆、愉悅。

美味
Delicious

美味必不可少

我是一個吃貨，口味很挑剔，就算為了減脂增肌，我也不會吃口味寡淡的水煮雞胸肉、水煮蔬菜類增肌餐。我不想只是吃得健康，健康的同時美味也要兼顧。在我看來，好吃很重要，只有吃得美味，我才快樂。而快樂才是我做這一切的終極目的。

美觀
Beautiful

美觀是我一生的追求

健康又美味的食物，如果還能做得好看，會讓人心情舒暢，吃得也更開心。我把美觀的重要性排在最後，不是說它不重要，相反，把食物做得美觀一直是我的追求，也是我做早餐的一大樂趣。我只是希望在做到前面幾點的基礎上，再追求美觀，這樣會開心得更高級一些。

身體會自動幫你選擇更好的食物！

HEALTHY EATING HABITS

「七分吃，三分練」，這個看似不太靠得住的說法，在我身上得到了印證。養成健康的飲食習慣，配合適量運動，相對輕鬆的減脂——這就是我一直在奉行的方法。

以前，我對健康飲食沒概念，吃得無所顧忌，變胖後心情跟著變差。自從開始注意飲食一段時間後，再吃一些如比薩、炸雞、奶油等不太健康的食物，會感到噁心，甚至想吐。而一些之前難以下嚥的健康食物，現在卻覺得非常好吃。**養成健康的飲食習慣後，你會不知不覺愛上更健康、更利於減脂的食物**，不用拚命克制自己的食慾，你的身體會幫你選擇更好的吃法！

我不是只花了幾天時間，就從不管不顧的亂吃，變成健康飲食的愛好者。想吃得健康，需要一段自我調整的過程，這個過程也許要花一些時間和精力，不過一旦養成了習慣，吃得健康、精緻了，每天不用強迫自己餓肚子，體重也能慢慢減下來。身體變好了，你會打從心裡認同這種健康的飲食習慣和生活態度，也會獲得加倍的快樂。

很多人認為減肥就是要少吃飯，不吃晚餐甚至午餐，但這樣不但對身體不健康，還很容易引起反彈；還有人認為要減肥，靠運動就可以了。

運動的確可以減肥，但它能消耗的熱量並沒有大多數人想像的那麼多，而且會花費更多的時間和精力，所以運動效果會在後期體現得更明顯。更重要的是，忍飢挨餓和拼命運動這兩件事，做起來真的沒那麼開心。

我希望減脂是一件「少經歷風雨，多見彩虹」的事，不用那麼痛苦，人人都想快樂的變瘦，那就找一個適合自己的方式。

在我看來，吃得不健康，是減脂最大的障礙；而保持健康的飲食習慣，就可以變瘦，而且是每天開開心心的變瘦，因為我就是這麼過來的——不知不覺，竟然就瘦了！

接下來這幾點，是我一路「吃」出來的經驗，也許可以幫你更輕鬆、快樂的養成健康的飲食習慣。

我在減肥前後飲食習慣的調整

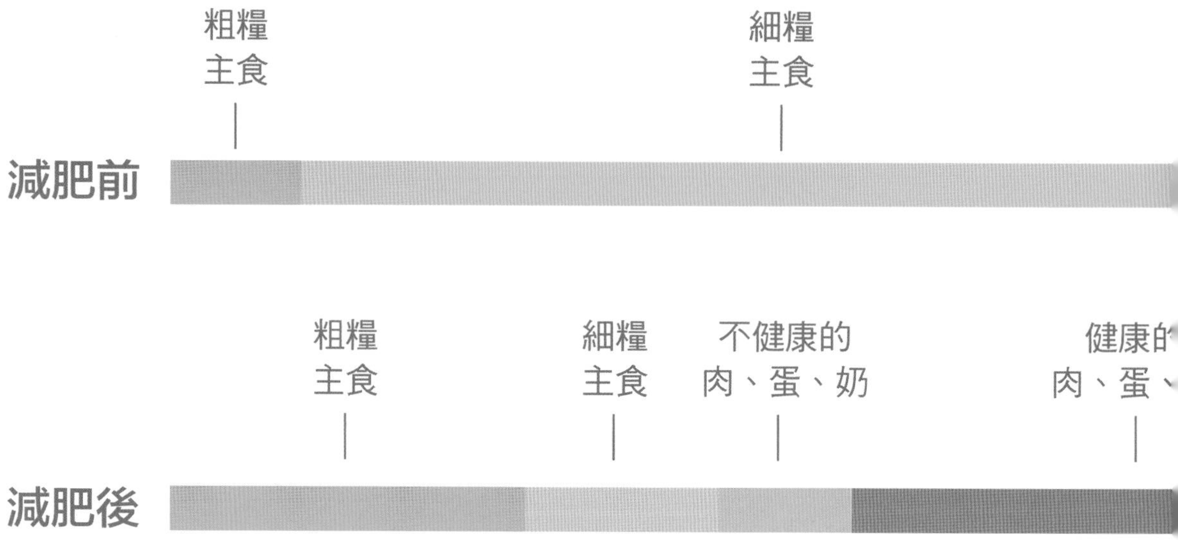

不吃，反而會胖？

假設有個人不吃晚餐，那麼，他從第一天午餐到第二天早餐之間至少要等十幾個小時，這麼長時間沒有攝入能量，身體會自動放慢新陳代謝，進入「飢餓模式」。在這種模式下脂肪不但不會被快速的消耗，還會更頑固的儲備在體內。

人飢餓時，身體會消耗肌肉來提供能量，肌肉少了，新陳代謝也會變慢，從而阻礙能量的消耗，留下更多的脂肪，這也是為什麼很多人吃得不多，卻還是會胖的重要原因之一。

所以大家一定要三餐都吃，並確保各種營養素的合理搭配，逐漸減少熱量的攝入，使身體時刻都不處於飢餓的狀態中。

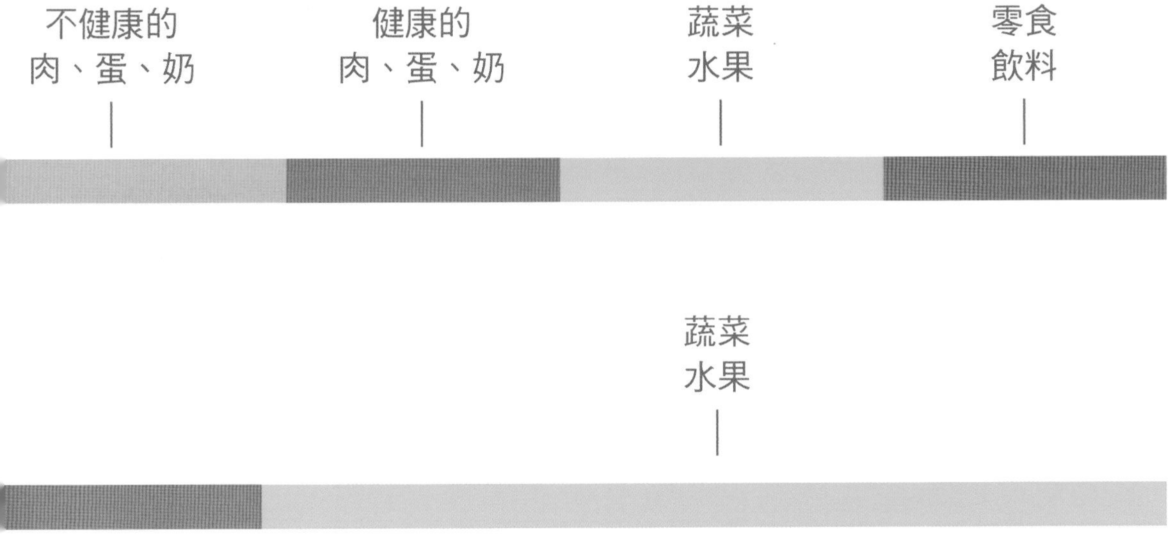

多餐，才是真「節食」

每日五到六餐，即在三餐的基礎上，上午和下午各加一餐，甚至晚上運動完再補充一些蛋白質。這樣可以提高我們的基礎代謝和飽足感，避免正餐時吃得過量，或是兩餐之間相隔時間較長而進入飢餓模式。

加餐不是真的再吃一頓正餐，而是在保證每日攝入總量不超標的前提下，把正餐的量分配到加餐中。

早餐和化妝一樣重要

由於早餐距離前一天的晚餐時間會很長，所以不吃早餐，身體會進入前面提到的飢餓模式，這樣更容易發胖，也很有可能因此吃更多的午餐或零食。

早晨是一天的開始，如果沒有足夠的能量和營養供應，會引起人反應遲鈍、注意力不集中等情況，影響上午的工作和學習。

除了影響身體健康，吃一份營養、精緻的早餐，還會給我們帶來一天的好心情。減脂期間，早餐是我一天中最重要的一餐，甚至是吃得最多的一餐。

油、鹽、糖我照吃，但控制數量

飲食盡量保持清淡。調味品會使我們的食物更加美味，但切記不要多吃。過多的油脂會囤積在體內，造成肥胖；無論葷菜、素菜，動物油還是植物油，都要避免攝取過量。

我會把油脂的攝取量控制在每天 20 克以內，食鹽的每日攝取量則建議控制在 6 克以內。不過大多數人的飲食習慣都遠遠超出這個範圍，過多的攝入食鹽不但會引起高血壓、高血脂等疾病，還會影響減脂。

吃甜食雖然會讓人心情愉悅，但它的熱量也相當驚人，我們要盡量少吃含有「精製糖」的食物，如蛋糕、冰淇淋、含糖飲料等，我會將精製糖的攝取控制在每天 20 克以內。

選擇粗糧主食

在減脂期間，我們也需要減少攝取碳水化合物，也就是少吃主食，這是我認為非常重要的一點。強調這一點，主要是華人的飲食習慣普遍以大量主食為主。經常聽到有人說：無論吃多少菜和肉，不來一碗飯就不覺得飽。這可能是因為特殊時期的經濟條件所致，但這的確不是一個健康的習慣。

過量的主食會產生過量的糖分，這不但會讓我們攝取的熱量超標，還會因為產生飽足感，而影響蛋白質和脂肪的合理攝取量。

當然少吃不等於不吃，我們應該盡量選擇燕麥、糙米、紫薯等「粗糧」來作為主食。

蛋白質是一個「超人」

多吃蛋白質有助肌肉增長，提高新陳代謝的速率，讓我們更高效的燃脂。相比碳水化合物和脂肪，身體在消化蛋白質時，會消耗更多的熱量，而且蛋白質會比碳水化合物更能使人產生飽足感。但可能是因為富含蛋白質的食物價格都相對較高，在我們的飲食習慣中，它往往是配角；然而其實還是有很多性價比很高的蛋白質食物，如雞胸肉、雞蛋、牛奶等。建議蛋白質的攝取量為每日每公斤體重 10 克。

07 優質脂肪有助減脂

在減脂過程中，難免會陷入一些誤區或產生極端行為。我在最一開始減肥時，會盡可能的拒絕攝入所有脂肪，後來才慢慢了解到：優質脂肪不但可以吃，而且還有助於減脂。無論是減脂還是增肌，優質脂肪都是必不可少的；深海魚類、酪梨、堅果、橄欖油、椰子油、低糖花生醬，甚至是少量的奶油，都是很好的選擇。建議優質脂肪攝取量為每日每公斤體重 0.8 克。

人體必備營養素
NUTRIENTS

碳水化合物、蛋白質、脂肪、膳食纖維、維生素、礦物質、水，是人體必需的七大營養素。而開始健康飲食第一步，就是先了解它們。

碳水化合物

碳水化合物是為身體提供能量的主要營養素之一，包括澱粉和蔗糖等。從健康飲食的角度出發，我們一般會把碳水化合物分為簡單碳水化合物和複合碳水化合物兩種。

簡單碳水化合物可以快速被人體消化吸收，用於補充能量，但也容易轉化成脂肪，例如醣類、蜂蜜、含糖飲料、米、精緻麵粉和許多精加工食品中；複合碳水化合物則需要較多的能量來消化，被吸收的時間比較長，轉化為脂肪的機率較小，燕麥、糙米、玉米、紫薯等食物都屬於此類。建議大家以複合碳水化合物為主、簡單碳水化合物為輔的方式來搭配飲食。

蛋白質

蛋白質是生命（包括骨骼、肌肉、皮膚、血液）的物質基礎，也是提供能量的主要營養素之一。蛋白質有助於肌肉增長，而且比碳水化合物更能使人產生飽足感，是減脂增肌時的重點攝入營養素。而蛋白質可以分為優質蛋白質和非優質蛋白質兩種。

優質蛋白質的特點是含必需氨基酸的種類齊全，數量充足，比例合適，主要分布於乳類、蛋類、瘦肉和大豆中；非優質蛋白質主要存在於一些植物性食物中，如米、水果、蔬菜等。優質蛋白質更容易被人體消化吸收，是非常好的蛋白質來源。

脂肪

脂肪是儲存和供給能量的主要營養素。大家可能都知道，攝入過多脂肪會使其堆積於體內，不僅會增加體重，還會引起其他疾病，但適量攝入優質脂肪必不可少。脂肪酸也分為飽和脂肪酸與不飽和脂肪酸。

飽和脂肪酸較穩定，容易累積為脂肪，常見於家畜類動物油、奶油、餅乾、蛋糕等食物中；不飽和脂肪酸對人體有很多好處，它能阻止脂肪沉積、幫助減脂，可以在各種植物油、深海魚、蝦、貝類、堅果、酪梨等食物中攝取。不飽和脂肪酸就是我們所說的優質脂肪，適量攝入這類脂肪對人體有益，同時要少攝入飽和脂肪酸。

膳食纖維

膳食纖維本身是一種多醣，既不能被消化吸收，也不能產生能量，看似無用，但後來人們逐漸發現它對人體健康的重要性，並將它與碳水化合物、蛋白質、脂肪等並列歸為七大營養素。

在同等條件下吃膳食纖維含量更高的食物，可以攝入更少的熱量，並減緩醣類的吸收速度，最終消耗體內脂肪而起到減肥的作用。膳食纖維還可以潤腸通便，將多餘的糖分和脂肪隨體內垃圾一同排出體外。富含膳食纖維的食物包括芹菜、筍類、紫薯、蒟蒻、花椰菜、豌豆、麥麩、燕麥、奇異果、無花果等。

維生素、礦物質、水

維生素、礦物質、水這三種營養素與膳食纖維一樣，都不會產生能量，但皆有著非常重要的作用。維生素和礦物質分布在各種穀物、豆類、蔬菜、水果、肉、蛋、奶等食物中，只要均衡飲食即可獲得。水約占成年人體重的 60% ～ 70%，由此可見它的重要程度，而多喝水不但可以保證身體健康，還能幫助減脂。

減脂增肌的最佳選擇

FAT CUTTING & MUSCLE GAINING DIET PLAN

所謂減脂增肌食物，也就是前面提到的一些富含優質碳水化合物、
優質蛋白質和優質脂肪等營養素的食物。
選擇這些食物能讓我們的減脂和增肌計畫事半功倍。

我們可以在日常生活中多了解這些食物，這樣就算沒有每頓飯都計算熱量，
也能更放心的享用、更輕鬆的減脂！

優質蛋白質

牛肉
Beef

鮭魚
Salmon

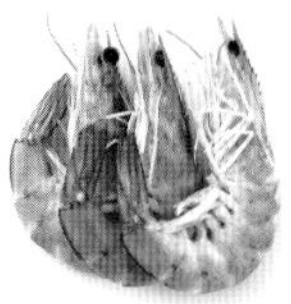
蝦
Shrimp

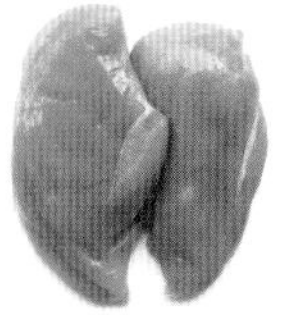
雞胸肉
Chicken Breast

雞蛋
Egg

牛奶
Milk

優質碳水化合物

燕麥
Oats

糙米
Brown Rice

藜麥
Quinoa

優質蔬菜

蘆筍
Asparagus

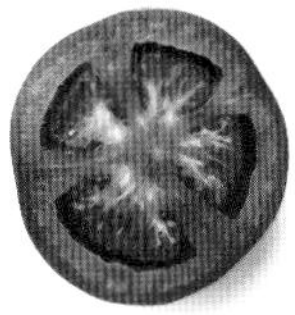

番茄
Tomato

花椰菜
Broccoli

優質水果

柑橘類
Citrus

莓果類
Berries

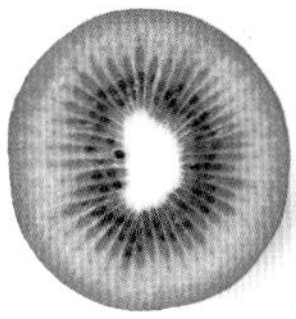

奇異果
Kiwi Fruit

優質脂肪

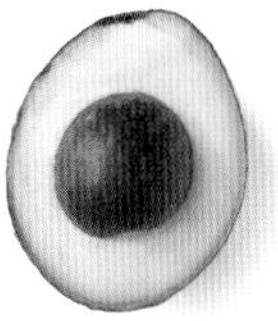

酪梨
Avocado

原味堅果
Unsalted Nuts

橄欖油
Olive Oil

看懂營養成分表，懂吃、易瘦

NUTRITION FACTS

無論你是否在減肥，讀懂食品包裝上的營養成分表，都是一項很重要的生活技能。我們可以透過查看營養成分表，來選擇更加健康、營養的食品，如大家常吃的麥片、麵包、火腿、醬汁等。看懂營養成分表，買零食也能派上用場，起碼可以買到相對健康的零食，不再糊里糊塗吃到胖。

開始做早餐之前，我就在研究營養成分表。那時，我略懂一些健康飲食對減脂的重要性。後來，我看了一部關於健康飲食的紀錄片，了解了蛋白質等營養素……而這一切都在告訴我：**只有讀懂營養成分表，才能吃得健康，才能減重！**於

簡單的查看方法

方法 1：看蛋白質和脂肪的含量，蛋白質比脂肪高得越多越好。

方法 2：看熱量和蛋白質的 NRV 百分比，蛋白質要高於熱量，且高得越多越好。

我的經驗

1. 在購買一般常見食物時，熱量大於 2,000kJ（約 478 大卡）的我基本都不會選擇。
2. 購買火腿等加工肉製品時，我會選擇脂肪低於 5g 的，而對於乳製品這類食品，我只要求脂肪低於蛋白質即可。
3. 選擇麵包或麥片等主食時，碳水化合物在 50g 左右是正常的；但在買飲料時，碳水化合物絕對不能超過 5g。
4. 如果某種食品的鈉含量超過 1,500mg，那說明它已經很鹹了，我絕對不會買（調味品除外）。
5. 購買高熱量食物時，我會特別注意這些數值是按「每 100g」還是按其他分量來計算。

項目	每100g (❻)	NRV% (❼)
❶ 熱量	1,041kJ	12%
❷ 蛋白質	10.3g	17%
❸ 脂肪	4.1g	7%
❹ 碳水化合物	41.9g	14%
❺ 鈉	398mg	20%

是我每次去超市，都會仔細看食品包裝上曾被我完全忽視的營養成分表，有時還會拍下來，帶回家反覆比較、研究。不懂的，就去網上搜資料。

就這樣研究了幾個月，對營養成分表有了一些心得。同時我也發現，網路上幾乎沒有一目了然的資料，可以教大家輕鬆看懂它，所有知識都很瑣碎，要特別費心、花時間去研究，還不一定能看懂。

既然沒有，我就自己做了一些簡單、易讀的總結，希望可以幫助大家輕鬆讀懂食物包裝上的營養成分表。

❶ 熱量

熱量是蛋白質、脂肪、碳水化合物的總和，也是大家平時最關注的指標，攝入熱量過多就可能會導致肥胖，但營養成分表中的熱量高，並不一定代表食物不健康，所以不能只看這一項。千焦（kJ）與大卡（kcal）的換算約為：1 大卡 = 4.186 千焦。

❷ 蛋白質

我們一般都會以「高蛋白低脂肪」作為選擇食物的標準，尤其是在選擇肉、蛋、奶、豆腐等優質食物時，蛋白質的含量盡量高一些比較好。

❸ 脂肪

大多數食物都是脂肪越低越好，尤其是零食類。這一項會分為飽和脂肪酸、單不飽和脂肪酸、多不飽和脂肪酸和反式脂肪酸，其中反式脂肪酸是目前公認最有害的一類脂肪。

❹ 碳水化合物

我們很在意的「糖」就包含在這一項裡。如果是主食類食物，那這一項的數值高一些是正常的；但如果是飲料和果醬之類的非主食食物，碳水化合物含量很高時，那該食品便基本全是「糖」了，要特別注意！

❺ 鈉

主要是指氯化鈉，也就是食鹽。食鹽對減脂和增肌都有影響，所以數值越低越好，泡麵、醃菜，還有一些零食都是鈉含量很高的食物！

❻ 每 100g

為方便消費者查看，這裡一般使用的分量是「每 100g」，但是有些熱量較高的食物也會用「每 30g」或「每份」，如巧克力、洋芋片等，要留心觀察。

❼ 營養素參考值（NRV）

營養素參考值（Nutrient Reference Values），就是營養素占人體每日膳食推薦值的百分比。如上頁圖中熱量的 NRV 百分比是 12%，那就是指吃掉 100g 該食物，就會獲得當天建議攝取熱量總值的 12%。

下面是五項常見營養素的建議攝取量標準（每日）：
能量：約 2,000 大卡
蛋白質：約 60g
脂肪：小於 60g
碳水化合物：占總攝取熱量的 50 至 60%
鈉：約 2,000mg

我的一天，怎麼吃？

MEALS A DAY

我在減脂期間的每日飲食分配

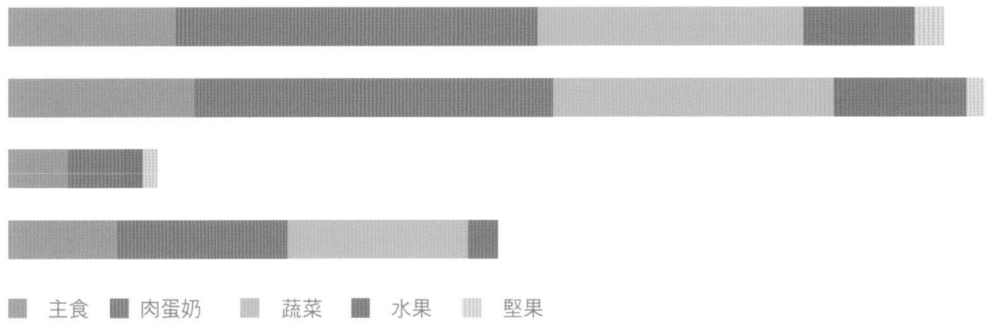

選擇健康的食材、按照健康的比例、使用健康的烹飪方法，這就是我對健康飲食的理解。

當我們了解如何選擇健康的食材之後，就要替自己制定一個更加科學的飲食比例。我在減脂時，碳水化合物（簡稱碳水）、蛋白質、脂肪這三大供能營養素的比例為：碳水 3、蛋白質 5、脂肪 2；之後開始規律健身時的比例為：碳水 4、蛋白質 4、脂肪 2。上圖是我把這些營養素分配到一天飲食當中的比例參考，下面跟大家說說每天的具體安排。

8:30 食材最豐富的一餐

我每天大多是在這個時間開始享用早餐，由於平時上班比較忙，只有

常見家常菜參考

	全葷菜	半葷菜	素菜
✓	清蒸魚	芹菜肉絲	番茄炒蛋
✓	清炒蝦仁	竹筍肉絲	清炒花椰菜
✓	滷牛肉	木須肉	白菜燉豆腐
✓	煎牛排	黃瓜雞丁	芹菜炒豆干
✓	烤雞（不吃皮）	青椒肉絲	香菇炒青菜
X	紅燒肉	魚香肉絲	地三仙
X	紅燒排骨	宮保雞丁	乾煸四季豆
X	糖醋里肌	回鍋肉	魚香茄子
X	炸雞塊	咖哩雞塊	脆皮豆腐
X	紅燒獅子頭	麻辣香鍋	蠔油生菜

✓ 相對較好的　X 不推薦的

早餐可以自己做，所以這一餐會比較花心思。

我在做料理時，特點是食材比較豐富，但每一種的量會比較少，主食基本控制在 50g、肉類 100g 左右，每天都會吃雞蛋和乳製品，蔬菜和水果也必不可少。烹飪方法主要以輕加工為主，但偶爾也會換換口味，吃一些熱量偏高的食物，因為這是我要保持一生的飲食習慣，所以需要輕鬆、快樂一些，更何況像半年吃一次培根這樣的頻率，不會對我造成什麼影響。由於每天吃完早餐都已經快 9 點了，而且早餐營養也比較豐富，所以在午餐之前就不會加餐。

12:00 中午外食也能健康吃

我的午餐通常是在公司或外面吃，並不會自己做飯或帶飯。有人可能會驚訝：這樣就行了嗎？其實我覺得只要養成了健康的飲食習慣，在哪裡都可以吃得相對健康，而且能在普通的飯菜中挑選出健康美味的食物，這才是終極瘦身技能！所以我認為「會吃遠比會做重要」，不然就算每天都自己做飯，也不一定能夠減脂瘦身。

能自己做健康的飯菜固然好，但沒條件做也不用放棄！

購買外食，我會盡量選擇食材豐富的食物，通常不吃麵類或者炒飯等以主食為主的食物，因為裡面其他的食材總是很少，吃得很飽卻沒得到均衡的營養。

吃肉時少吃皮和肥肉，盡量選加工步驟少的菜，少吃醬汁多的菜，例如芹菜肉絲一定比魚香肉絲健康。

上頁圖是我總結的一些平時比較常見的家常菜，大家可以參考。

16:00 下午用粗糧補充能量

由於我的午餐和晚餐相隔時間較長，所以會在這個時候加餐一次，我通常會吃一些比較方便攜帶的低熱量食物，如地瓜、玉米之類的粗糧，或者吃兩個水煮蛋白，偶爾也會吃一點水果或堅果，無論吃什麼，量一定不能多。

19:00 晚上主食是中午的一半

我在這個時間吃晚餐，是因為下班比較晚，不過從開始減脂至今，我從來沒有一天不吃晚餐。我覺得相比午餐，很多人的晚餐更難控制，不是因為白天吃得多了就不吃，就是因為有聚餐、應酬之類的飯局大吃大喝，或者覺得自己辛苦了一天想犒勞一下自己，而一不小心吃得很多。

晚餐是我三餐當中吃得最少的，減脂時主食吃得很少，大概是午餐的一半，肉類和蔬菜盡量以容易消化的為主，水果也會吃得很少。晚上如果去健身的話，我會再吃兩個水煮蛋白作為加餐。

Non-repeating
BREAKFAST
in 10000 days

Non-repeating
BREAKFAST
in 10000 days

Non-repeating
BREAKFAST
in 10000 days

2021
春
NON-REPEATING BREAKFAST
IN 10000 DAYS

Non-repeating
BREAKFAST
in 10000 days

BREAKFAST PLANET

Non-repeating
BREAKFAST
in 10000 days

CHARGE
WU
ALL FOR JOY
Non-repeating
breakfast
in 365 days a year

ALL FOR JOY
NON-REPEATING BREAKFAST IN 365 DAYS A YEAR

第二章

早午餐入門

Brunch Starter

早午餐常用廚具
Kitchen

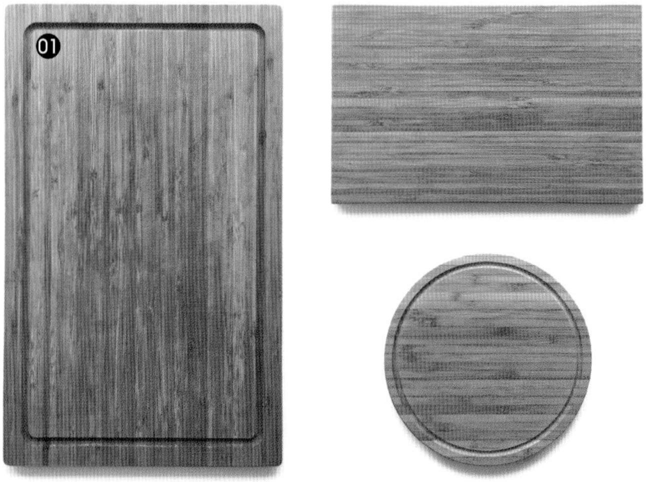

❹ 直徑：15 公分
高：8 公分

水果刀

主廚刀

麵包刀

❶ **砧板**：家中必備的廚房用具。建議準備三塊，分別用來切生食、熟食和蔬果。砧板需要經常清潔，並保持乾燥。

❷ **切蛋器**：用來切水煮蛋的小工具，可以將煮蛋切片或切瓣，方便又實用。

❸ **噴油瓶**：使油以霧狀均勻的噴灑在鍋中或食物上，這樣可以很好控制油的用量。

❹ **小煮鍋**：做早餐時經常會用到的小鍋，用來焯蔬菜、煮蛋、煮湯或煮麵等，適合烹飪小份食物。

❺ **廚刀**：我常用的刀有三把，水果刀用來切小的蔬果，主廚刀用來切肉、菜等大部分食材，麵包刀用來切各種麵包。

❻ **煎鍋**：帶有不沾塗層的煎鍋，它能使食材受熱均勻，方便清洗。其用處很多，是必備廚具之一。

07 **鑄鐵煎鍋**：偶爾用來煎蛋等小份的食物。鑄鐵鍋雖然好用，但是比較重，且需要花更多時間和精力去保養。

08 **石臼**：用來搗蒜泥或酪梨醬等，處理小份食材後比料理機更方便清理。

09 **料理夾**：在煎雞胸肉等食物時使用，比鏟子更方便料理。

10 **挖球勺**：可以把西瓜、火龍果等水果挖成球狀，更加美觀。

11 **塑膠鏟**：耐高溫的鍋鏟，配合帶不沾塗層的煎鍋使用，防止刮傷。

12 **保鮮膜、保鮮袋、密封罐**：用來保存食材的工具，保鮮膜和保鮮袋一般用來保存放入冰箱的蔬菜、水果和肉類，密封罐用來放常溫保存的食物。

最愛的餐盤
Plate

我對餐具很感興趣，也希望未來有機會設計自己的家居品牌。這幾年我收集了各式各樣的餐具，其中對餐盤情有獨鍾，可能是因為它們在早餐中最常被用到吧。我比較喜歡純色的餐盤，造型差不多的白盤子就有十幾款，在別人看來可能都一樣，但我可以很陶醉的欣賞它們之間的細微不同。

同樣大小的盤子，價格可能相差幾十倍，最初我喜歡買貴的，但時間久了發現，手邊常用的不一定是最貴的，幾十元的盤子也可以用得很舒服。所以別太在意品牌和價格，買用得到的、好用的、使用頻率高的餐具才有價值。

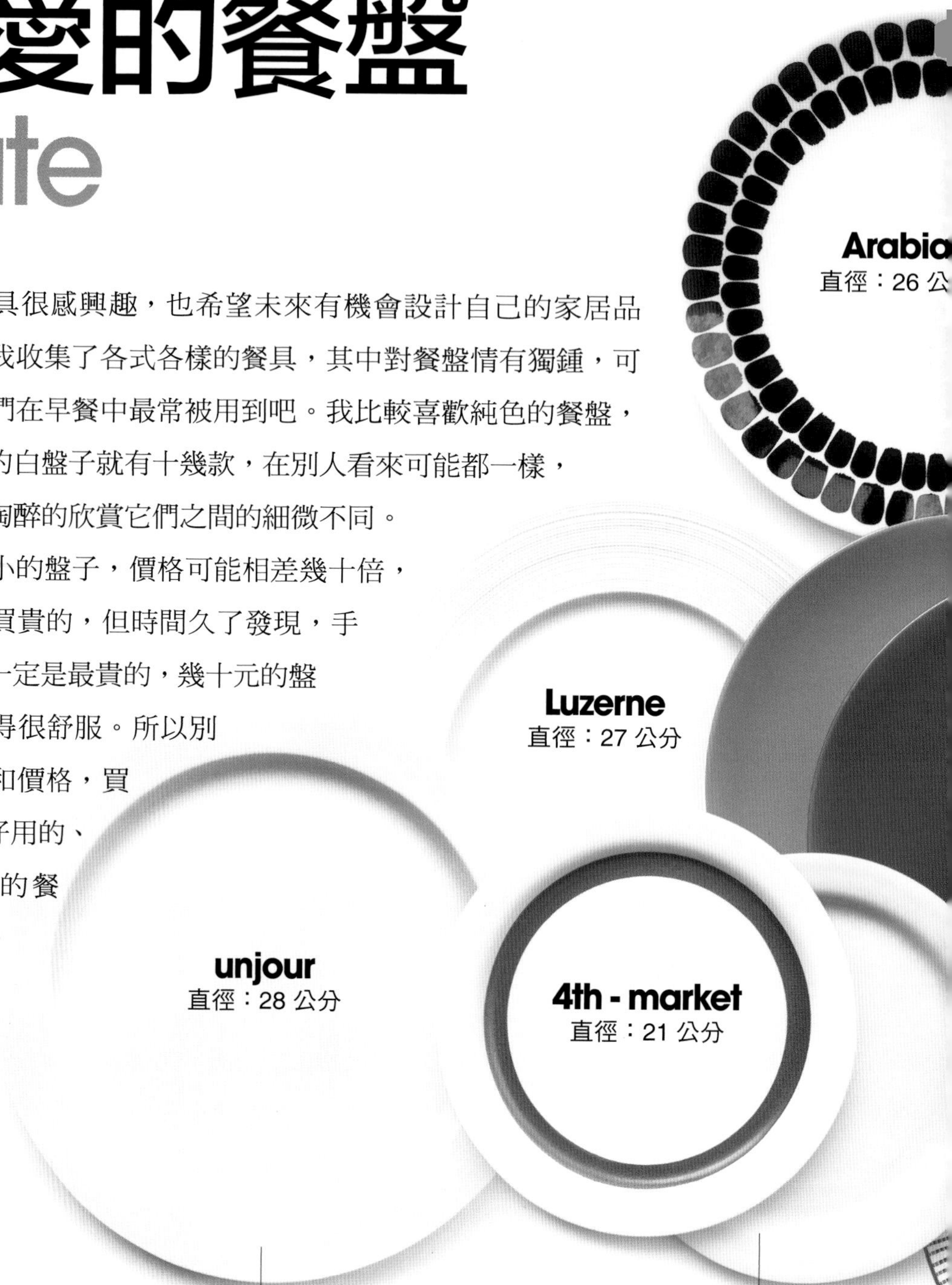

日本陶藝家 Yumiko Iihoshi 的手作餐具，造型和質感都很棒，但由於這類餐具很少上釉，所以比較容易留下汙漬，需要花精力保養。

在吃一些簡單的小份食物時，會用到這些直徑20公分左右的小餐盤。

非常喜歡此系列餐具的質感，摸上去光滑、厚實，花紋雖重但很耐看。

木質的餐盤，我一般會當作托盤來用，擺放一些沒有湯汁的食物或者杯碟，可以帶來不一樣的感覺。

這個餐盤在我的早餐中出鏡率很高，看起來是不是很美？其實它是我花了 35 元在商場的大拍賣攤位買來的。

最愛 BEST

這款是我目前最喜歡的餐盤，尺寸合適，易清洗，最棒的是它的形狀，邊緣的分界非常自然，對擺盤的相容性也更強。

朋友從日本帶回來的和風餐盤，偶爾使用這些帶花紋的餐具，也很有新鮮感。

精選叉勺
Cutlery

在配備了盤、碟、杯、碗之後，選一套稱手的餐具也很有必要。除了筷子，我吃早餐時常用到叉和勺，很少會用餐刀，下面是我比較喜歡的幾款叉和勺，它們各有特色。

Cutipol

正餐叉 215mm
正餐勺 210mm

來自葡萄牙的餐具品牌，這套餐具造型纖細、優美，是近年非常熱門的款式，尤其深受女生歡迎。

Dulton

正餐叉 189mm
正餐勺 189mm

一套復古風的餐具，其設計簡約、飽滿有力，暗紅色的仿木紋手柄很有韻味，是我非常喜歡的一套餐具。

ALFACT

正餐叉 188mm
正餐勺 185mm

日本的餐具品牌，這套餐具的特色是鏡面不銹鋼結合櫻花木手柄，造型略帶一點歐式風格。

相澤工房 Aizawa

正餐叉 184mm
正餐勺 182mm

一個歷史悠久的日本廚具品牌，此套餐具本體為純銅，表面鍍銀，非常精美。不過用一段時間後會出現比較明顯的氧化現象，不易保養。

無品牌

正餐叉 169mm
正餐勺 172mm

這套餐具雖然沒有品牌，但造型和顏色我都很喜歡，且價格實惠。我也喜歡用木勺吃優格，放到嘴裡時不會有太過冰涼的感覺。

柳宗理

正餐叉 183mm
正餐勺 183mm

由日本工業設計師柳宗理所設計的餐具，其造型獨特，線條圓潤，極具設計感。

經常吃的麵包
Bread

麵包是我的早午餐中最常出現的主食，但由於我平時比較忙，很難抽出幾個小時來自己製作麵包，所以通常都是買現成的。

建議大家去專業的麵包坊，挑選低熱量的主食類麵包，也可以在網路上搜尋專門針對重視健康的、口碑較好的麵包坊。盡量不要買超市貨架上的麵包，這些麵包不但不夠健康，添加劑也比較多。我有一次假期出門幾天，回家後發現冰箱裡的麵包過了有效日期，在麵包坊買的麵包已經發霉了，而在超市里買的麵包還香氣撲鼻……從那之後我就很少去超市買麵包了。

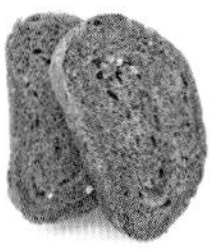

歐式麵包
European Bread

歐式麵包本是對歐洲各種麵包的統稱，但目前在我們的認知中，它已經很具象的成為一種麵包款式。歐式麵包大部分無油、無糖或低糖，富含膳食纖維，有很好的飽足感，適合當作早餐中的主食。我喜歡用歐式麵包做各種開放式三明治，或者直接搭配沙拉食用。

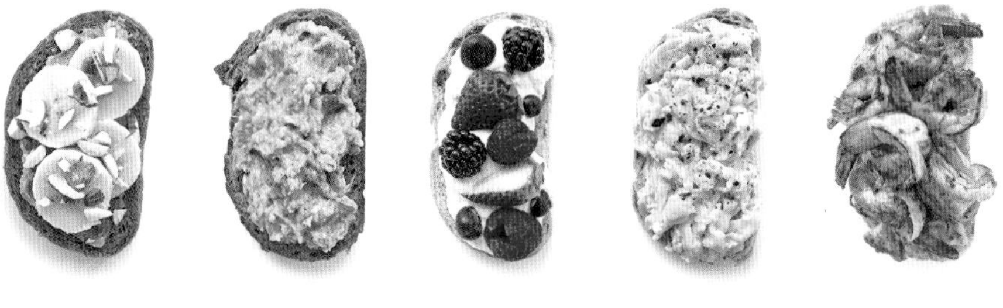

吐司
Toast

吐司是最常見的麵包之一，相比其他主食類麵包，它含有更多的蛋白質和脂肪，口感也更鬆軟，很適合亞洲人的口味。市面上很多常見的吐司都會加入大量的糖和油，所以我們需要細心挑選，才可以保證健康。

吐司的用途很廣泛，我經常會用它來做各種三明治或西多士。

三明治

開放式三明治

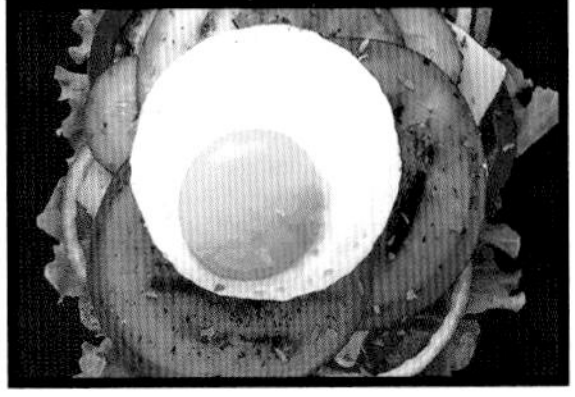

西多士

法棍
Baguette

法棍是由高筋麵粉做成的一種歐式麵包，特點在於外韌內軟，無糖、低油。由於其造型獨特，名聲遠揚，所以還算比較容易購買。我最愛的法棍作法是蒜香法棍。

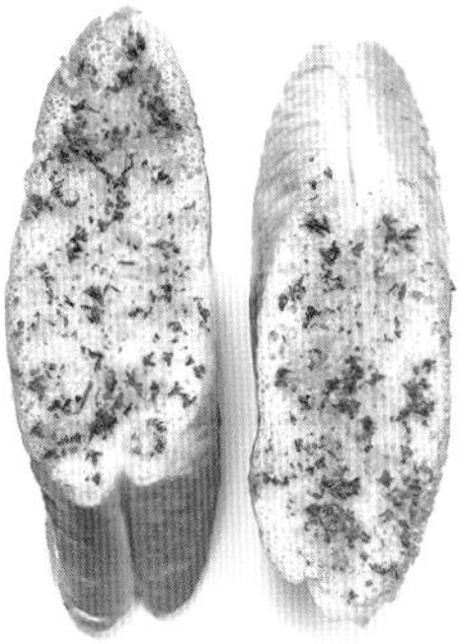

不會散的三明治
Sandwich

一份好的三明治，需要選擇健康且營養豐富的食材，
並考慮每種食材的擺放順序，
這會影響到整體口味和美觀程度，
接近吐司的食材盡量不能太乾，不然吃的時候容易散落。

三明治是一種快捷、便利的食物，
我們可以在早午餐時享用，也可以帶到公司或學校作為午餐或晚餐。

STEP 01 疊加食材

煎蛋 2個
Fried Eggs

牛肉火腿 40g
Beef Ham

番茄 65g
Tomato

黃瓜 20g
Cucumber

生菜 25g
Lettuce

150g **全麥吐司**
Whole Wheat Toast

40g **起司片**
Cheese Slices

10g **花生醬**
Peanut Butter

20g **紫甘藍**
Purple Cabbage

10g **自製沙拉醬**
Salad Dressing

STEP 02 切去邊緣

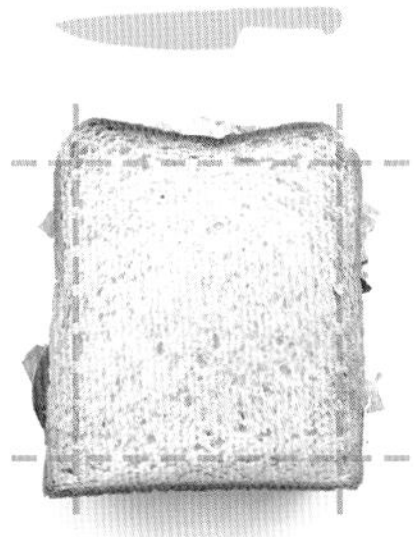

STEP 03 分為四份

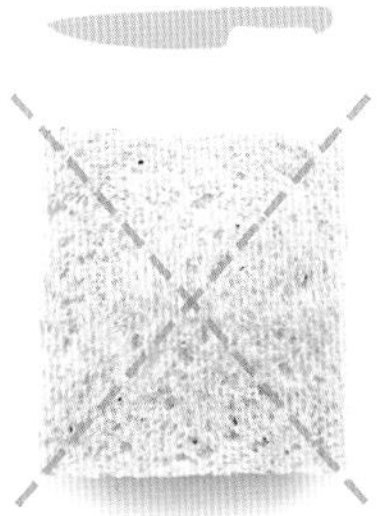

STEP 04 享用

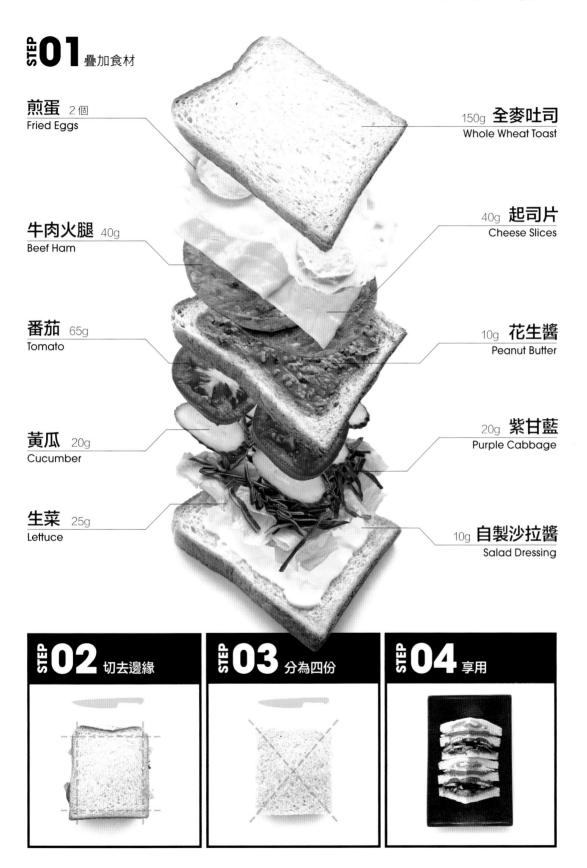

經常吃的肉類
Meat

肉類是獲取蛋白質的重要來源之一，我的早餐食譜中幾乎都有肉。最初由於不太會做飯，只是吃一些火腿等加工好的熟食，隨著烹飪技能的提升，早餐中的肉類也變得豐富起來。

下面就是我常用到的一些肉類。

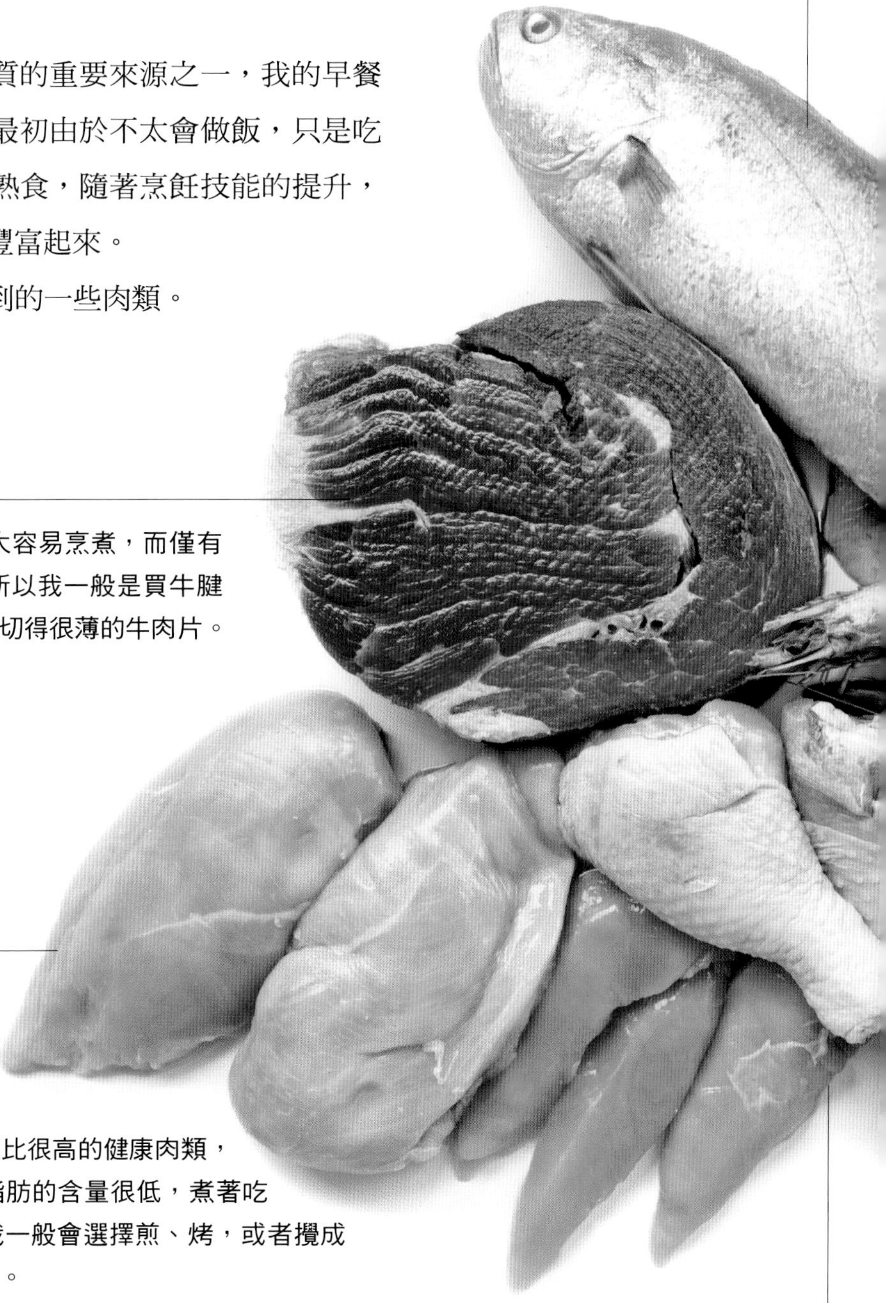

牛肉 Beef

牛大部分位置的肉都不太容易烹煮，而僅有的幾處嫩肉又比較貴，所以我一般是買牛腱等部位提前滷好，或者買切得很薄的牛肉片。

滷牛肉

雞胸肉 Chicken Breast

雞胸肉是大家熟知的性價比很高的健康肉類，其作法很多，但雞胸肉脂肪的含量很低，煮著吃的口感會比較柴，所以我一般會選擇煎、烤，或者攪成肉餡做雞肉餅、雞肉丸等。

無論是煎還是烤，醃肉都是非常關鍵的步驟，我常用的醃肉調味料有料酒、檸檬汁、味醂、黑胡椒、迷迭香等。

雞里肌 Chicken Small Breast

雞里肌是雞胸內側的一小條肉，比雞胸肉更嫩，脂肪含量也更低。

黃魚 Yellow Croaker

常見的海魚，小黃魚我一般會加些調味料直接清蒸，大黃魚則會用比較家常的方法來做。

巴沙魚 Basa Fish

一種淡水魚，營養價值不如鮭魚高，但這種魚沒有小刺，切片吃起來很方便，口感也很好。

Salmon **鮭魚**

這是我最常吃的深海魚類，新鮮的鮭魚可以做成刺身直接吃，冷凍的鮭魚我則會煎或者烤著吃。

煎雞胸肉一般是用小火慢煎，但魚肉我會用大火煎，因為魚肉很嫩，煎久了就老了，而且會散。

Shrimp **蝦**

蝦的作法很多，可以直接水煮，也可以去殼處理後再煎或炒，我最喜歡用檸檬汁和楓糖醃製後煎著吃。

Pandalus Borealis **北極甜蝦**

在捕撈後就會立即焯水加工，所以我們買到的北極蝦都是可以直接吃的，其口感清甜，我喜歡把它搭配在沙拉中。

火腿 Ham

火腿是加工過的食物，雖然添加劑大多符合國家標準，但不適合每天都吃。不過早晨的時間寶貴，跟新鮮肉類相比，火腿比較方便，而且由於經過加工，脂肪含量也可以變得很低。我會選擇一些知名品牌的精瘦、低脂火腿。

雞小腿 Drumsticks

雞小腿脂肪含量雖然比雞胸肉高，但只要去了皮還是很健康的，而且口感比雞胸肉好很多，加一些蔥、薑水煮一下，也非常好吃。

雞蛋的作法
Eggs

水煮蛋
Boiling Eggs

煮雞蛋很簡單，但如果想每次都能煮出令自己滿意的半熟效果，還是需要花一些心思研究。根據我的經驗，煮一顆完美的雞蛋除了要控制時間之外，還和雞蛋的品種、尺寸、新鮮程度、火力大小等因素有關，任何一項發生變化，最終效果都會有所不同。

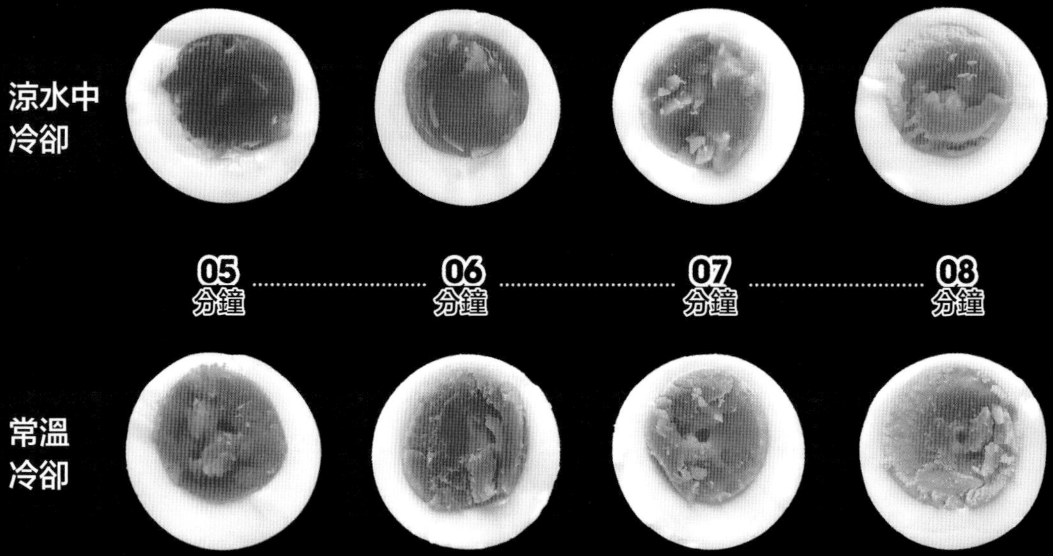

上圖中是我使用超市購買的雞蛋煮出來的效果，尺寸中等，將其放入開水中，以小火煮好，一半放入涼水中冷卻，另一半在盤子中常溫冷卻。

? 雞蛋不熟可以吃嗎？

生吃普通雞蛋的確存在細菌感染的問題，像沙門氏菌這類病菌，需要徹底煮熟雞蛋才可以將其殺滅。而日本有些品牌的雞蛋可以生吃，其實是因為它們的安全控管較嚴格，那些雞從小就接種沙門氏菌疫苗，蛋的產出環境也很有保障，所以這種蛋在產出 15 天以內可以生吃，不過價格當然會比較貴。

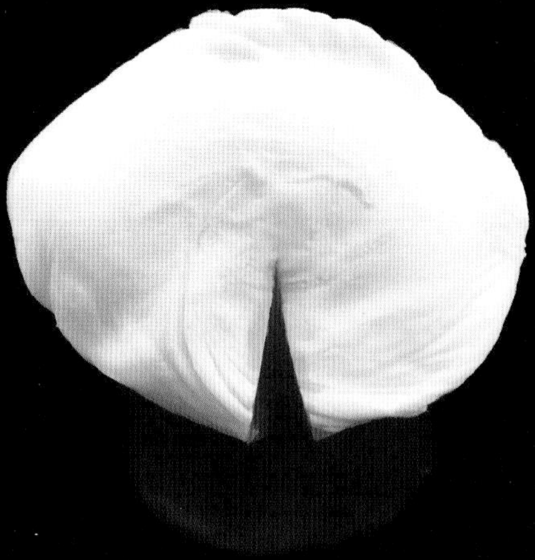

水波蛋
Poached Eggs

這是一種將雞蛋去殼再煮的作法，推薦大家使用新鮮的雞蛋。

1. 準備大一點的鍋和較多的水，水燒開加入白醋，白醋可以使雞蛋更快凝固。
2. 用餐具在沸水中攪出漩渦，迅速關火。
3. 將雞蛋打入漩渦中（可以提前將蛋打入碗中，方便倒入）。
4. 開最小火，煮 1 分鐘左右，待蛋白凝固即可撈出。

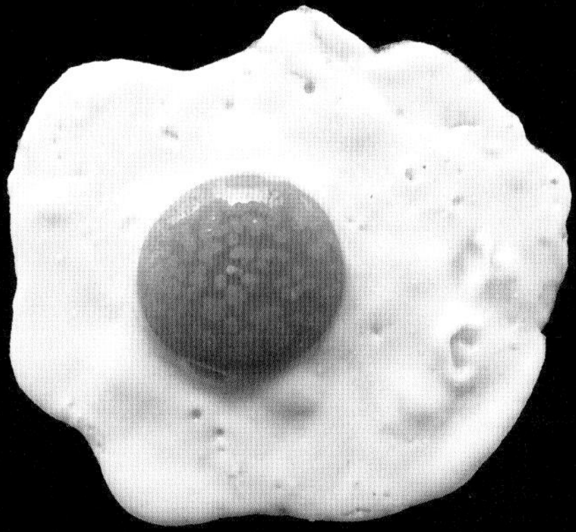

煎蛋
Fried Eggs

如果想做一個健康的煎蛋，重點就是少油。回想起小時候媽媽給我做的煎蛋，那簡直就是在「炸蛋」。

我一般會用噴油瓶在平底鍋裡噴上薄薄的一層橄欖油，如果有一口好的不沾鍋，甚至可以不放油。

待油微熱的時候打入雞蛋，想讓蛋黃永遠都在中間嗎？其實非常簡單，打入雞蛋的時候用蛋殼控制蛋黃流動就可以了。

火候不要太大，以免煎焦，快出鍋時撒上少許鹽即可。

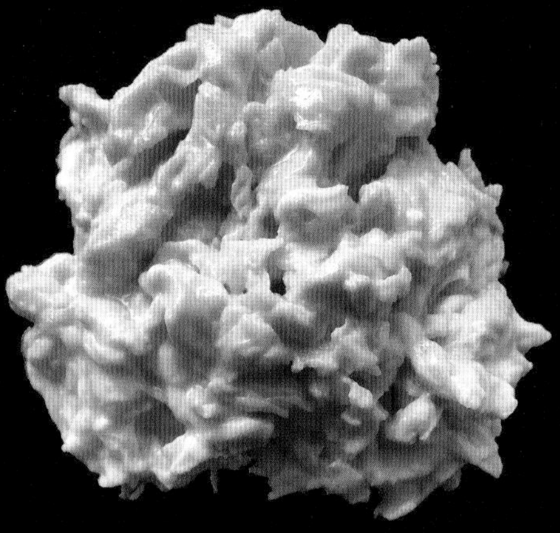

炒蛋
Scrambled Eggs

我們一般把這種炒蛋稱為「美式炒蛋」。成功的關鍵不在於奶油，也不在於牛奶，而是控制火候。

1. 雞蛋加鹽打成蛋液，加少許牛奶，這樣可以更嫩滑。
2. 開小火，平底鍋不預熱，直接放入奶油，融化後立即倒入蛋液。
3. 不停攪拌蛋液，可以將鍋傾斜，這樣能保證未定型的蛋液離火更近，定型的部分不會加熱過度。
4. 待蛋液基本呈泥狀的時候立即盛出，因為雞蛋本身的餘溫還會使其進一步定型。

隨心所欲的沙拉
Salad

在我看來，沙拉就是將多種食材混合起來、不含太多湯汁的一道菜，葷素、冷熱、生熟均可，我們可以在裡面加入各種自己喜歡的蔬菜、肉類、蛋類、水果、堅果，甚至主食，幾乎沒有任何限制。

我很喜歡這種可以隨心所欲、自由發揮的菜式。夏天可以選擇適合生吃的蔬菜和水果，搭配出清爽可口的沙拉；冬天又可以使用適合熱加工的蔬菜和肉類，或煎或炒，使沙拉變得溫暖誘人，而且這些輕加工的食物會相對健康很多，所以沙拉是我早餐中出現頻率極高的菜色。

就算你不會烹飪，也可以搭配出適合自己口味的沙拉，而且只要稍稍用心，多選幾種不同顏色的食材，就能大大提升沙拉的「顏值」。

沙拉醬
Salad Sauce

我通常會自己調配沙拉醬以確保健康，並且在吃的時候不會全部倒入沙拉中，而是倒在小碟中蘸著吃，這樣可以在美味的前提下，盡量少吃點醬汁。

水果
Fruit

我喜歡在沙拉中加入各種酸甜口感的水果，這樣就算沒有醬汁，沙拉吃起來也會很有味道，圖中像胡蘿蔔的水果是一種好吃的甜杏。

肉、蛋類
Meat、Egg

除了一些可以生吃的海鮮，我還會使用煎雞胸肉、煎牛排、水煮蛋等，圖中的肉是滷牛肉。

我常用到的可生食沙拉葉菜

生菜
Lettuce

羅馬生菜
Romaine Lettuce

紫葉生菜
Purple Lettuce

奶油萵苣
Butter Lettuce

紫甘藍
Purple Cabbage

羽衣甘藍
Kale

紫菊苣
Radicchio

冰草
Ice Plant

荊芥
Schizonepeta

歐芹
Parsley

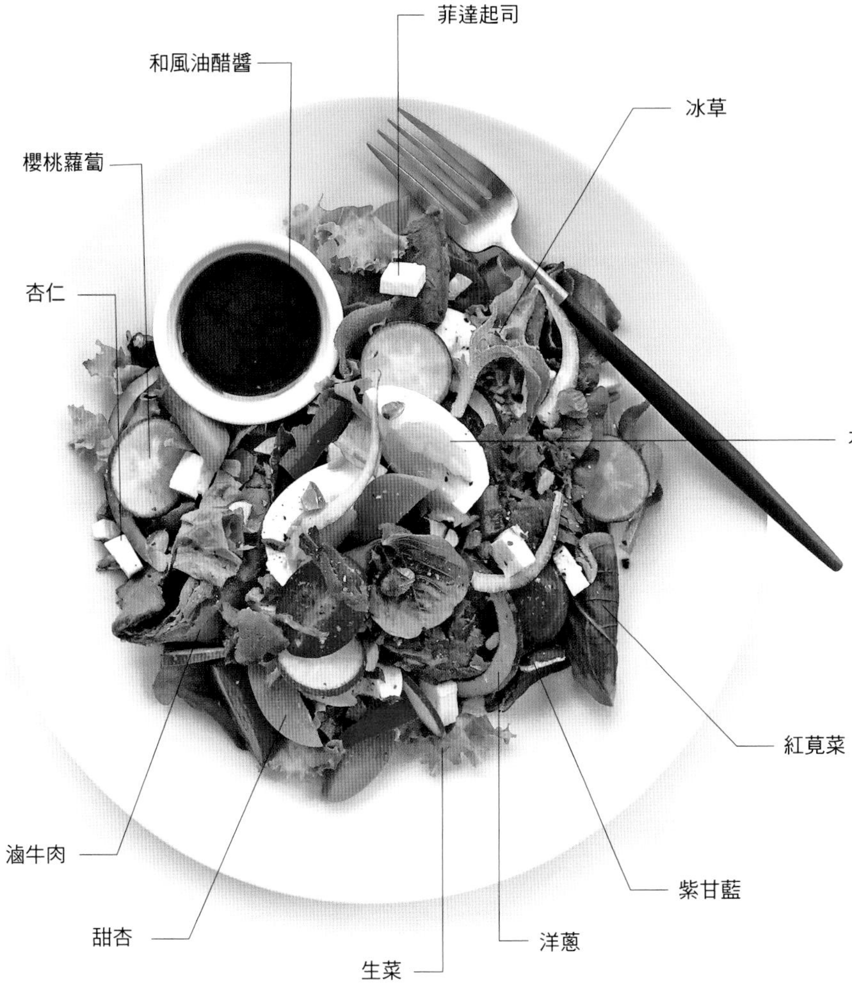

葉類蔬菜
Leafy Vegetables

提到沙拉，我們最先想到的一般都是各種可以生吃的蔬菜，我覺得這些蔬菜是沙拉很關鍵的一部分。

堅果
Nuts

因為我的沙拉中基本不會放油，所以堅果就是優質脂肪的主要來源了，我一般會選擇杏仁、腰果、南瓜子等。

調味料
Seasoning

除了醬汁，我還會直接在沙拉上撒一些調味品，比如黑胡椒、辣椒碎、香鬆、各種香料碎等。

芝麻葉
Arugula

菊苣
Chicory

菠菜
Baby Spinach

苦苣
Endive

甜菜葉
Beet Greens

紫背天葵
gonia Fimbristipula

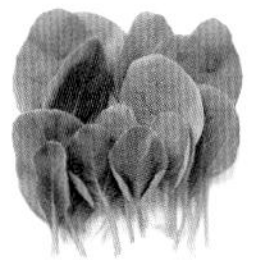

小白菜苗
Brassica Chinensis

莧菜
Edible Amaranth

菊花菜心
Tower Vegetables

穿心蓮
Andrographis Paniculata

自製低卡沙拉醬
Sauce

醬汁是沙拉的精髓，作為調味品，它可以讓我們更開心的吃下沙拉。說實在的，如果沒有醬汁，我很難嚥下那些健康的蔬菜。

市面上的沙拉醬都會越吃越胖

會選擇自製沙拉醬，是因為市面上能買到的大部分醬汁都不太健康，如最常見的千島醬、蛋黃醬、沙拉醬等，有些產品的脂肪和熱量高得離譜，而大部分人並不知情，或者為了口味並不在意。健康的食物在口味方面多少都會打一些折扣，而那些讓人無法拒絕的美食往往熱量偏高。我們就是一直是在健康與美味之間權衡、掙扎。

自製醬汁真的很簡單

醬汁的作法其實很簡單，只要把自己喜歡的食材調和在一起就好了。至於選擇哪些食材，酸甜辛香，每種食材都從屬於一種或多種味道之下，把它們分類之後會更容易選擇：

酸：蘋果醋、紅酒醋、黑醋、白葡萄酒醋、檸檬汁
甜：蜂蜜、楓糖、牛奶、果醬
辛：蒜、蔥、辣椒、洋蔥、芥末
香：歐芹、羅勒、薄荷、蒔蘿、乳酪

當然除了以上這些，還有很多食材可以使用，大家請隨意發揮，千萬不要受食譜的限制。

沙拉醬以外的調味品

習慣了健康飲食之後，我的口味變得很清淡，有時只用檸檬汁淋在沙拉上就會覺得很好吃了。除此之外，我還研製了以各種天然香料混合而成的混合調味料，它的熱量比醬汁更低，可以搭配各種食物使用。

檸檬甜醋汁

5.7 kcal/10ml

這是一款酸甜口味的沙拉醬，在我的早餐中經常出現，其製作方法簡單、方便，非常百搭。

蘋果醋............................4 份
蜂蜜...............................1 份
檸檬汁............................1 份

蒜香酪梨醬

9.9 kcal/10ml

我自己非常喜歡的一款醬，將它抹在麵包上或者拌沙拉都很誘人，記得酪梨要選熟一些的，這樣比較容易磨成泥。

酪梨...............................4 份
牛奶...............................2 份
檸檬汁............................1 份
羅勒葉............................0.5 份
蒜蓉...............................0.5 份
黑胡椒............................0.3 份
鹽..................................少許

和風油醋醬

6.3 kcal/10ml

日式風味的沙拉醬汁，搭配各種蔬菜、豆腐、肉類都很美味，其中加入的芥末更是可以讓人食慾大開。

壽司醬油......................3 份
芥籽油..........................1 份
味醂.............................2 份
檸檬汁.......................0.5 份
水................................1 份

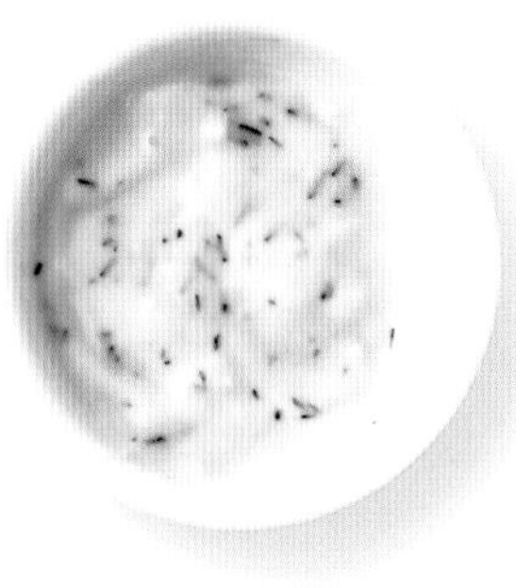

酸乳酪沙拉醬

10.7 kcal/10ml

我的沙拉醬一般以希臘優格作為基底，因為它的口感比較綿密，除了能帶來奶油的感覺，還比較健康。

希臘優格......................4 份
菲達起司......................2 份
白酒醋.......................0.5 份
大蒜粉.......................0.5 份
蒔蘿..........................0.5 份

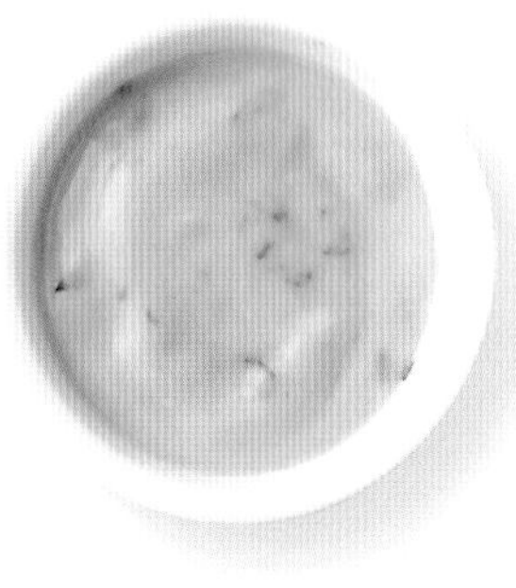

蜂蜜芥末醬

9.6 kcal/10ml

這裡的芥末是指黃芥末醬，單吃的話味道偏酸且微苦，但加入其他食材調和後就很美味了。

希臘優格......................4 份
黃芥末醬......................1 份
蜂蜜.............................1 份
檸檬汁..........................1 份
羅勒葉.......................0.5 份

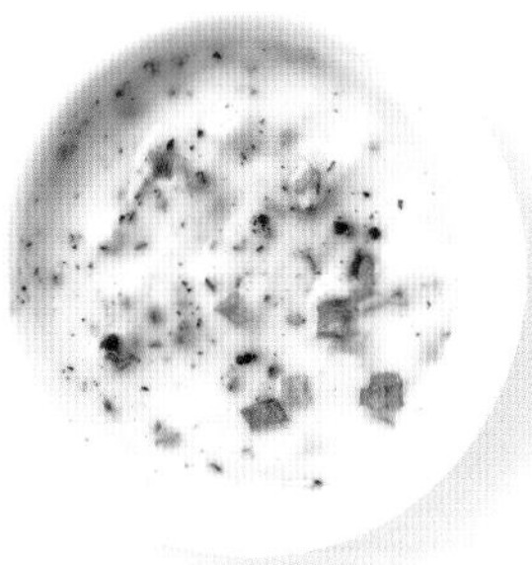

黃瓜優格醬

8.6 kcal/10ml

清爽且風味獨特的醬，其中的黃瓜需要去皮、去籽，切碎後瀝乾水分，搗成泥與優格混合。

希臘優格......................4 份
黃瓜碎..........................2 份
檸檬汁.......................0.5 份
黑胡椒.......................0.3 份
小香蔥.......................0.5 份
大蒜粉.......................0.5 份
鹽.............................0.3 份

低卡千島醬

10.2 kcal/10ml

這是我在研究了多款千島醬配料表之後調配出的一款醬，熱量要低很多，而且一樣好吃！

希臘優格......................4 份
番茄醬..........................2 份
酸黃瓜..........................1 份
檸檬汁..........................1 份
鹽...............................少許

草莓醬

5.2 kcal/10ml

草莓醬的作法有一些不同，需要用鍋煮一下，不過配料相當簡單，將適量草莓去蒂切碎，放入小鍋中，加一點水，小火煮 3 ～ 5 分鐘，期間不停的攪拌，煮成糊狀後灑一點檸檬汁即可。
（建議不要放糖，利用草莓本身甜味就足夠了）

選麥片不再糾結
Oatmeal

超市中的麥片各式各樣，挑選時總會令我們眼花撩亂。在購買時除了觀察食品包裝上的營養成分表，還能用什麼辦法挑選適合自己的麥片呢？首先我把常見的麥片分為三大類，下面跟大家分享一下我的經驗。

純麥片
Oatmeal

純麥片是指那些加工步驟較少，沒有添加其他食材的原味麥片。
最常見也是公認營養價值最高的就是燕麥片了，
其他的還有大麥片、小麥片、黑麥片、蕎麥片等。
純麥片營養價值相對較高，但口味單一，說不上美味，有些需要煮過或用開水泡過才可以吃。

混合麥片
Cereal

混合麥片是在純麥片的基礎上加入其他穀物、水果乾、堅果等食材加工而成的。
這類麥片味道較好，營養也較豐富，是最受大家歡迎的一種。
但混合麥片中加入的這些美味食材，會使麥片整體熱量增加；
有些麥片還會加入很多的糖或蜂蜜，所以選購的時候一定要謹慎。

脆穀物類
Crunch

脆穀物類麥片以膨化食品為主，如燕麥圈、脆脆米、玉米片等，
這類麥片口感酥脆，口味多樣，泡在牛奶裡就很好吃，尤其受小朋友喜愛。
但這類麥片大部分都是再加工的食品，營養流失嚴重，熱量較高，
有些還會加色素等添加劑，所以建議大家不要太常食用。
幸好這類麥片密度較小，看起來一大把，其實分量並不算多。

我的麥片吃法

我不會只吃健康的純麥片，因為它不夠好吃，吃起來沒有滿足感。我會在家中備不同類型的麥片，搭配起來吃。比如喝牛奶時，我會加入即食的純麥片，再放少許玉米片或燕麥圈之類的脆穀物作為點綴；吃優格時，我常用較健康的混合麥片，搭配一些新鮮的水果。

我希望在最大限度上兼顧健康和美味，並且在視覺上看起來漂亮，身心也得到滿足。這樣的餐點吃起來才會覺得快樂，而不是一味的追求營養，失去了享受早午餐時那份開心的感覺。

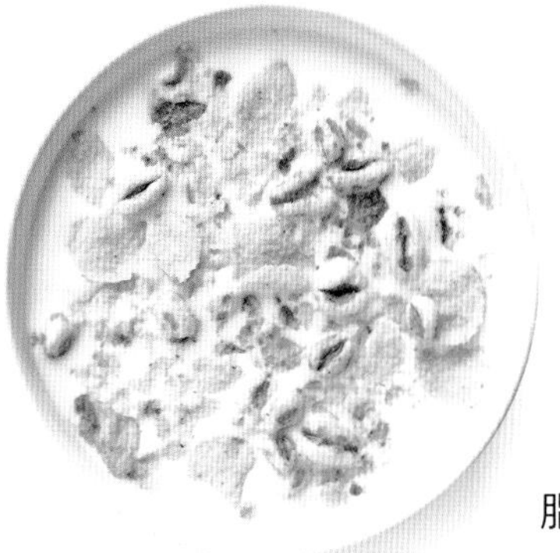

牛奶
Milk

牛奶是我早午餐中出現最多的飲品，除了快速、方便，更重要的是它能給我提供優質的蛋白質。
我常喝的是純牛奶和脫脂牛奶，這兩種牛奶各有優點，差別並不是很大。

優格
Yogurt

優格是牛奶再加工而成，其中含有乳酸菌，利於消化吸收，但市面上大部分優格都會加糖，我會盡量選擇低糖或無糖的產品。

保持食材的新鮮活力

Food Preser-vation

我的早午餐設計，食材經常在 10 種以上，如果每樣食材只用一點，剩餘部分保存得不好的話，會造成很大的浪費。最初做料理時，經常會浪費食材，我也曾為此苦惱過很久。不過我並沒有因此而妥協，單調、乏味的食物是我更不能接受的！隨著做菜次數增多，我對常見食材的保存期限和方法，也漸漸有了經驗，基本可以從容面對並且不會浪費了。

大部分的葉菜需要擦乾表面的水分，用廚房紙巾或報紙包好，不然葉子很容易腐爛，然後放入冰箱冷藏，盡量將根部向下放，並避免擠壓。購買葉菜時要注意，有些看起來十分新鮮、水嫩的菜可能是商家泡過水的，買回去就比較容易爛掉了。

對於那些切過之後的食材，可以用保鮮膜包好，放在冰箱中保存，並盡量當天吃掉。若實在吃不完，下一次使用前，再切掉暴露在外的一層即可。

大部分熱帶的水果和蔬菜不適合長時間放入冰箱保存，如香蕉、芒果、鳳梨等。但如果有吃剩下的部分，也要用保鮮膜包好冷藏保存。其實很多食材都沒有我們想像中那麼容易變質。

下面是我在食材保存上的一些經驗，從肉、蛋，到蔬菜、水果、麵包都有。學會保存食材，不僅能避免浪費，也是對食材的尊重。如果你剛剛開始學做早午餐，想多用一些豐富的食材，又怕不會保存，浪費食材，不妨從我的經驗中，找到一些食材保存的捷徑。

番茄
陰涼處 5～7 天

完整的番茄放在陰涼處保存即可，切開後則要裝入保鮮袋，放進冰箱中冷藏。

紫甘藍
冷藏 10～15 天

裝入保鮮袋，放進冰箱中冷藏保存，一片片扒著用比切開會保存得久一些。

蘆筍
冷藏 3～5 天

用廚房紙巾包好，裝入保鮮袋，頭朝上豎著放入冰箱，冷藏。

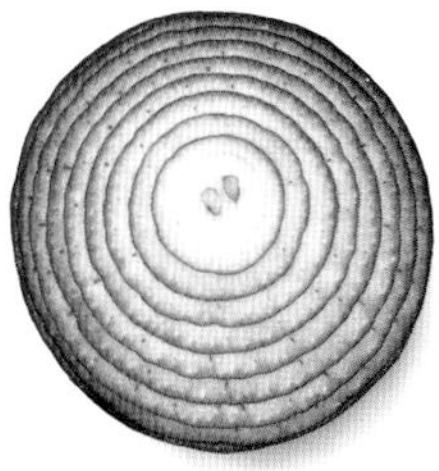

洋蔥
陰涼處 5～15 天

完整的洋蔥可直接在陰涼處保存，切開後要裝入保鮮袋，放進冰箱中冷藏。

花椰菜
冷藏 2～3 天
冷凍 180 天

將整顆花椰菜留兩、三天的量，剩餘的切小塊洗淨，裝入保鮮袋，放進冰箱中冷凍。

馬鈴薯
陰涼處 10～20 天

馬鈴薯可直接放在陰涼處保存，只要沒有發芽或變綠都還可以食用。

生菜
冷藏 3～5 天

陰乾生菜表面的水分，用廚房紙巾包好，裝入保鮮袋，放進冰箱中冷藏。

香菇
冷藏 5～7 天

擦去表面水分，用廚房紙巾包好，再用保鮮袋或保鮮盒密封，放進冰箱中冷藏。

豌豆
冷凍 180 天

豌豆洗淨後裝入保鮮袋，放進冰箱中冷凍。

保持食材的新鮮活力
Food Preser-vation

菠菜
冷藏 6 ～ 10 天

在綠葉菜中，菠菜保存期相對較長，可直接將其裝入保鮮袋，在冰箱中冷藏。

黃瓜
陰涼處 3 ～ 5 天

用廚房紙巾包好，放在陰涼處保存；切過的黃瓜則用保鮮膜包好，在冰箱中冷藏。

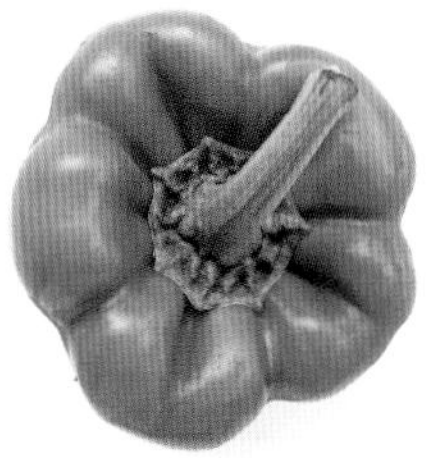

青椒
冷藏 5 ～ 7 天

擦去表面水分，用廚房紙巾或報紙包好，在冰箱中冷藏。

胡蘿蔔
陰涼處 10 ～ 20 天

清除胡蘿蔔表面的泥土，切除頂部，用保鮮膜包好，放在陰涼通風處保存；切過的胡蘿蔔放入冰箱冷藏。

玉米粒
冷凍 180 天

玉米粒煮熟後冷卻，裝入保鮮袋，在冰箱中冷凍。

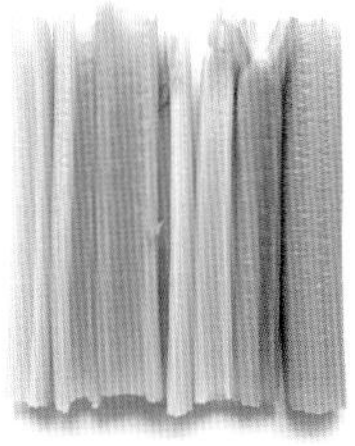

芹菜
冷藏 5 ～ 7 天

用鋁箔紙或塑膠袋將芹菜包裹完整，在冰箱中冷藏。

草莓

冷藏 2～3 天

用保鮮袋或保鮮盒將草莓密封，防止擠壓，放進冰箱中冷藏。

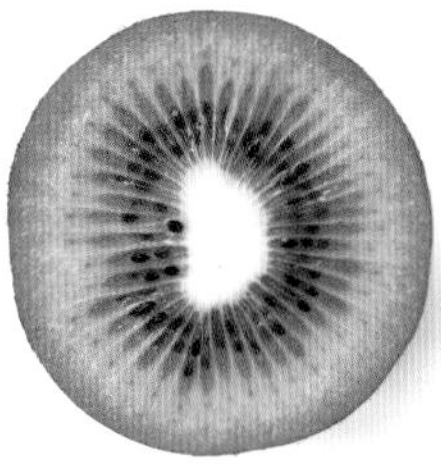

奇異果

冷藏 20～30 天

將每個奇異果用廚房紙巾包好，一起放入保鮮袋，放進冰箱中冷藏。

雞蛋

常溫 5～7 天
冷藏 30 天

將雞蛋尖端朝上，放入冰箱中冷藏。如果放在常溫中，應儘快吃掉。

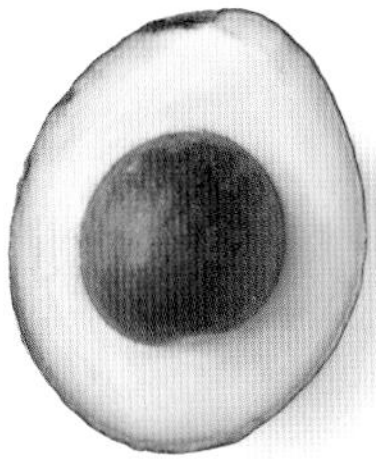

酪梨

常溫 3～5 天
冷藏 5～7 天

保存期視成熟程度而定，較生的酪梨適合常溫保存，較熟的可放入冰箱冷藏。

香蕉

陰涼處 5～7 天

用報紙或鋁箔紙包好香蕉的根部，掛在陰涼通風處。切忌放入冰箱冷藏。

禽畜肉類

冷藏 1～2 天
冷凍 180 天

將肉按分量分好，裝入保鮮袋，放進冰箱中冷凍保存。吃的時候提前取出，自然解凍即可。

柳丁

冷藏 7～14 天

用保鮮袋密封，盡量不留空氣在裡面，放進冰箱中冷藏保存。

麵包

常溫 2～3 天
冷凍 30 天

將吃不完的麵包切好裝入保鮮袋，放進冰箱中冷凍保存。要吃的時候提前取出，表面噴一些水即可。

魚肉

冷藏 1～2 天
冷凍 120 天

將魚肉按分量分好，裝入保鮮袋，放進冰箱中冷凍保存。吃的時候提前取出，自然解凍即可。

Non-repeating
BREAKFAST
in 10000 days

Non-repeating
BREAKFAST
in 10000 days

Non-repeating
BREAKFAST
in 10000 d

STAR WARS DAY
MAY THE 4TH
BE WITH YOU

Non-repeating
BREAKFAST
in 10000 days

Non-repeating
BREAKFAS
in 10000

VALENTINE'S
DAY
Non-repeating breakfast
in 10000 days
CHARGE WU

CHARGE WU
all
for
you

Non-repeating
BREAKFAS
in 10000

第三章

早午餐食譜

Brunch Recipes

NON-REPEATING
BREAKFAST
IN 365 DAYS A YEAR

42 份精選餐點，每週 7 天任你搭配

BRUNCH RECIPES

在我看來，早午餐不像午餐或晚餐會擺一大桌菜，但會是很精緻的一份餐點，每種食材的量不會很大，但種類會很豐富。

我每天早上會花約 40 分鐘來製作餐點，也許是因為我從不挑食，也不會對食物過敏，所以特別喜歡嘗試各種新鮮的食材和食物。我不會特意按照地域去區分食物，無論中式、西式或日式等，只要是健康的、適合我口味的，就會納入我的早餐食譜。

我的烹飪方式以輕加工為主，能生吃的盡量生吃，但會比較注重搭配各種健康的調味料，盡量讓食物變得美味，因為我知道我要做的是把健康的飲食習慣融入生活，伴隨我一生，而不是暫時的減脂餐或增肌餐。我很清楚：如果不好吃，我一定沒辦法堅持下去。

我從這些年自己做的 2,000 餘份餐點中，精選出 42 份早午餐做成了這本食譜，以每週 7 份的方式組合，並盡量使每天的菜單都有變化。這些食譜也基本代表了我早午餐的特色。

NON-REPEATING BREAKFAST IN 10000 DAYS

從簡單的開放式三明治開始

如果你剛開始學做早午餐，或者早上的時間較少，那一份「開放式三明治」就是非常適合你的料理。它不但不需要太多烹飪步驟，而且不太需要思考怎麼擺盤，將所有食材疊在一起就可以了。

材料 Ingredients

全麥吐司......................1 片
瘦火腿..........................3 片
雞蛋 ....1 顆
生菜 ....2 葉
起司片..........................1 片
紅椒 ....3 圈
洋蔥 ....3 圈
黃瓜 ....6 片
牛奶 200ml
即食麥片 ....適量

調味料

希臘優格	鹽
菲達起司	歐芹碎
檸檬汁	黑胡椒
蒔蘿碎	橄欖油

作法 Method

❶ 全麥吐司放入烤箱，攝氏 120 度烤 5 分鐘。

❷ 將希臘優格、菲達起司、檸檬汁、蒔蘿碎、鹽混合，調成醬汁後均勻塗抹在吐司上。

❸ 在吐司上依次擺生菜、紅椒、洋蔥、起司片和黃瓜片。

❹ 平底鍋燒熱，加少許橄欖油，煎蛋和火腿，火腿兩面變色後撒黑胡椒和歐芹碎，雞蛋定型後撒少許鹽，依次放在吐司上。

❺ 麥片中加入牛奶，即可享用。

NON-REPEATING BREAKFAST IN 10000 DAYS

STEAMED BUN

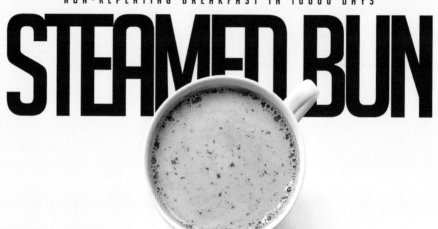

蕎麥饅頭配香菇雞肉

除了麵包，一些中式的主食也會出現在我的早午餐中，如加入粗糧的饅頭就是很健康的選擇。早晨用電鍋蒸一個軟軟的蕎麥饅頭，配上雞胸肉炒香菇，一定適合擁有「傳統胃」的你。

材料 Ingredients

蕎麥饅頭......................50g
雞胸 100g
水煮蛋..........................1 顆
青椒 ....1 小塊
紅椒 ....1 小塊
黃椒 ....1 小塊
香菇 ....2 個
鴻喜菇.......................1 小把
腰果 ....6 粒
柳橙 ....2 片
牛奶 200ml
抹茶粉........................少許

調味料

大蔥段　　檸檬汁
橄欖油　　太白粉
鹽
黑胡椒

作法 Method

❶ 雞胸切塊，加鹽、檸檬汁、黑胡椒和太白粉，醃製 15 分鐘以上。

❷ 青椒、彩椒、香菇分別切小塊，鴻喜菇去根。

❸ 蕎麥饅頭加熱，和對半切開的水煮蛋、柳橙一起擺盤。

❹ 平底鍋燒熱，倒入橄欖油，待油溫熱後放入大蔥段炒香，接著放入雞胸翻炒，雞肉變色時加入香菇、鴻喜菇、青椒和彩椒，加少量鹽和黑胡椒拌炒均勻，盛出裝盤，最後撒上腰果。

❺ 牛奶加熱後沖調抹茶粉，即可享用。

Non-repeating

BREAKFAST

—— in 10000 days

脆烤鮪魚法棍佐雞蛋沙拉

鮪魚是富含蛋白質和不飽和脂肪酸的海魚，一般能買到的大多是鮪魚罐頭，而罐頭又可分為油漬和水煮兩種。我通常會選擇水煮鮪魚，其脂肪含量更低，但味道可能會更腥一些，所以我會搭配一些香料加熱後食用。

材料 Ingredients

法棍 ....2 塊
水煮鮪魚 50g
水煮蛋..........................1 顆
小番茄..........................2 顆
羅馬生菜 ....2 葉
蘆筍 ....3 根
小白菜苗 .... 1 小把
櫻桃蘿蔔 ....1 個
紫甘藍......................... 少許
腰果 ....5 粒
希臘優格 200ml
麥片 .... 少許
樹莓 ....1 顆

調味料

蒜末	蘋果醋
歐芹	檸檬汁
黑胡椒	蜂蜜
起司粉	鹽
紅酒醋	

作法 Method

❶ 先在法棍上抹一點鮪魚罐頭的汁，然後擺上搗碎的鮪魚和切片的小番茄，撒一些蒜末、歐芹和黑胡椒。

❷ 烤箱預熱至攝氏 150 度，放入鮪魚法棍，烤 6 分鐘。

❸ 蘆筍燙熟後切段，水煮蛋切瓣，櫻桃蘿蔔切片，羅馬生菜和紫甘藍撕碎。

❹ 將羅馬生菜、紫甘藍、小白菜苗、櫻桃蘿蔔、水煮蛋、腰果碎混合，撒少許黑胡椒和起司粉。

❺ 將紅酒醋、蘋果醋、檸檬汁、蜂蜜、鹽混合，調成沙拉醬汁裝碟。

❻ 將希臘優格倒入碗中，加入麥片和樹莓，即可享用。

NON-REPEATING BREAKFAST IN 10000 DAYS

NOODLES

香煎鮮蝦拌麵

拌麵比湯麵和炒麵更方便，只需根據自己的口味調醬汁，然後和煮好的麵混合、拌勻就可以了，很適合在夏天的早上食用。拌好的麵可以搭配各種食材，煮過的、煎過的，甚至是與沙拉混合都非常美味。

材料 Ingredients

拉麵............................50g
鮮蝦............................8 尾
水煮蛋..........................1 顆
小番茄..........................3 顆
菊花菜心.................1 小把
櫻桃蘿蔔......................1 個
檸檬............................1 片
杏仁............................5 粒
優格..........................200g
藍莓醬........................少許
藍莓.........................1 小把

調味料

歐芹碎	檸檬汁
奶油	蒜
低糖番茄醬	泰式辣醬鹽
無添加醬油	

作法 Method

❶ 小番茄對半切開，櫻桃蘿蔔切片，水煮蛋切瓣，菊花菜心挑出小葉。

❷ 鮮蝦去頭去殼，只留尾部，清理蝦線。

❸ 平底鍋燒熱，塗少量奶油，將處理好的蝦子煎至兩面變色，撒少許鹽、檸檬汁和歐芹碎，盛出備用。

❹ 在碗中加入低糖番茄醬、醬油（盡量選無添加）、檸檬汁、蒜汁、泰式辣醬，混合均勻。

❺ 燒一小鍋開水，拉麵煮3分鐘後盛入有調味汁的碗中拌勻。

❻ 將煎好的蝦、水煮蛋、蔬菜擺在麵上，用一點檸檬調味，杏仁壓碎後撒上。

❼ 優格倒入碗中，加入自製藍莓醬和藍莓，即可享用。

Non-repeating
BREAKFAST
CHARGE WU
— in 10000 days

煎雞胸肉沙拉

一份食材豐富的沙拉，配兩片麵包，這是我早午餐中常出現的一種搭配。我的沙拉中通常都會生熟食混搭，有菜有肉，還會配一碟自製沙拉醬汁。盤中出現的檸檬，一般都是用來擠汁在食物上調味，不會直接食用。

材料 Ingredients

水果歐式麵包...............50g
雞胸肉........................100g
水煮蛋..........................1 顆
羅馬生菜......................2 葉
紫葉生菜......................2 葉
芝麻菜.....................1 小把
小番茄..........................4 顆
紫甘藍..........................1 葉
洋蔥............................少許
菲達起司.................1 小塊
檸檬.............................2 片
杏仁.............................4 粒
牛奶........................200ml
紅茶............................少許

調味料

黑胡椒　希臘優格
鹽　黃芥末醬
玉米粉　蜂蜜
檸檬汁　蒔蘿碎
橄欖油

作法 Method

❶ 雞胸肉加鹽、檸檬汁、黑胡椒和玉米粉，醃製 15 分鐘以上（最好前一天晚上放入冰箱醃製過夜）。

❷ 羅馬生菜和紫葉生菜切小片，鋪在盤底，依次擺入紫甘藍、切瓣的水煮蛋、小番茄、芝麻菜、洋蔥。

❸ 將希臘優格、黃芥末醬、蜂蜜、蒔蘿碎和少量鹽混合成沙拉醬。

❹ 平底鍋燒熱，加少許橄欖油，煎醃好的雞胸肉，5 分鐘左右煎至兩面金黃即可，切塊擺入沙拉中。

❺ 最後在沙拉中加入少許芝麻菜、菲達起司、杏仁和檸檬片拌勻，擺入麵包。

❻ 牛奶加熱後與紅茶混合，即可享用。

NON-REPEATING BREAKFAST IN 10000 DAYS

鮭魚拌飯配嫩滑炒蛋

對於喜歡吃魚和生食的我來說，這道料理實在是太美味了！而且做起來也非常方便、省時。生食的鮭魚我會在較大的超市或市場中購買，那裡的鮭魚一般都是捕撈後立即冷凍，這樣可以殺死大部分的寄生蟲，食用起來更加安全。

材料 Ingredients

白米、小米.................100g
新鮮鮭魚....................120g
雞蛋.............................1 顆
羅馬生菜......................2 葉
草莓.............................2 顆
檸檬.............................1 片
牛奶.........................200ml
即食麥片.....................少許

調味料

香鬆
海苔絲
橄欖油（或奶油）
壽司醬油
鹽

作法 Method

❶ 將白米與小米一起煮的飯盛入碗中，新鮮鮭魚切塊，雞蛋打成蛋液加少許鹽和 10ml 牛奶備用。

❷ 平底鍋不用熱鍋，直接倒入少許橄欖油（或奶油），開最小火，幾秒鐘後倒入蛋液，不停攪拌，待蛋液稍稍定型後立刻關火，用餘溫繼續攪拌成嫩滑的炒蛋，擺入米飯中。

❸ 依次擺入羅馬生菜、檸檬片、草莓和新鮮鮭魚，鮭魚上撒香鬆和海苔絲，吃的時候再淋上壽司醬油。

❹ 牛奶中加入即食麥片，即可享用。

在家也能準備
生日 Buffet

BIRTHDAY

年輕時，生日是跟一大群朋友聚在一起，喝酒到天亮。
我最好的朋友和我生日只差兩天，我們會一起喝酒聊天，
哪怕只有兩個人，也很快樂。
隨著年齡增長，生日那天聚在一起的朋友也越來越少，
希望大家在繁忙的生活中，別忘了身邊最好的朋友。

IT'S MY BIRTHDAY

BREAKFAST NICE BODY

Non-repeating breakfast in 365 days a year

開放式牛肉火腿三明治

如果你已經掌握了第一個食譜中三明治的擺放方法，那就可以嘗試著做一些新的造型，雖然食材都差不多，但這種新鮮感可以使我們的生活更有趣味！甜點的蜜紅豆無論是買的還是自己煮的，吃不完都可以放在冰箱裡冷凍保存一段時間。

材料 Ingredients

全麥吐司......................1 片
瘦火腿..........................3 片
水煮蛋..........................1 顆
生菜.............................2 葉
起司片..........................1 片
紅椒.............................3 圈
洋蔥.............................3 圈
黃瓜.............................6 片
牛奶......................... 200ml
即食麥片.................1 小把

調味料

花生醬
羅勒碎

作法 Method

❶ 將全麥吐司放入烤箱，攝氏 120 度烤 5 分鐘。

❷ 水煮蛋、番茄、奇異果分別切片。

❸ 取出烤好的全麥吐司，塗抹花生醬，擺入生菜、番茄、牛肉火腿、起司片、水煮蛋、小白菜苗，撒少許羅勒碎。

❹ 優格倒入碗中，擺入奇異果、烤麥片、蜜紅豆和櫻桃，即可享用。

Non-repeating

CHARGE WU **BREAKFAST**

—— in **10000** days

懶龍配清爽時蔬蛋花湯

懶龍是北京的一種特色主食（讀者也可以用蔥花捲替代），裡面捲的是肉餡，我從小就很喜歡吃，現在偶爾出現在早餐中，會有很親切的感覺。蛋花湯中的食材要切得盡量薄一些，呈現在湯裡時才會比較好看。

材料 Ingredients

牛肉懶龍......................80g
雞腿肉........................100g
雞蛋............................2 顆
西洋芹.........................1 小段
小番茄..........................2 顆
香菇.............................1 個
黃瓜............................1 小段
胡蘿蔔.........................1 小段
草莓.............................2 顆
葡萄.............................3 顆
橘子.............................1 顆
香蕉............................1 小段
腰果.............................3 粒

調味料

橄欖油　料酒
鹽　香菜
太白粉

作法 Method

❶ 雞腿肉去皮，加鹽、料酒和太白粉醃製 15 分鐘以上（最好前一天晚上放入冰箱醃製過夜）。

❷ 雞蛋打成蛋液，香菇和黃瓜切片，胡蘿蔔切丁，香蕉切片。

❸ 將草莓、葡萄、橘子、香蕉和腰果擺盤。

❹ 燒一小鍋開水，放入切好的香菇和胡蘿蔔，煮開後轉小火，放入黃瓜片，將太白粉加水調勻，倒入鍋中，並加適量鹽，接著慢慢倒入蛋液，邊倒邊用筷子在鍋中攪拌，倒完關火，盛碗並加香菜（不喜歡的朋友可以不加）點綴。

❺ 平底鍋燒熱，加少量橄欖油，油熱後下入醃好的雞腿肉，5 分鐘左右煎至兩面金黃即可，切塊後擺入盤中。

❻ 重新加熱平底鍋，熱鍋溫油，小火煎另一個雞蛋，快出鍋時撒少量鹽，擺入盤中。

❼ 將牛肉懶龍、小番茄和西芹擺盤，即可享用。

NON-REPEATING BREAKFAST IN 10000 DAYS

MASHED POTATO

香煎鮭魚配低脂馬鈴薯泥

馬鈴薯本身是很健康的食物，也很適合減脂期食用，但前提是把它當作主食，而不是蔬菜，而且烹飪時盡量少油，尤其不能油炸，不然就變成「熱量炸彈」了。所以做成馬鈴薯泥是非常好的烹飪方法，不過我們在外面吃的馬鈴薯泥大多都會加很多奶油。

材料 Ingredients

馬鈴薯..........................80g
鮭魚..........................120g
雞蛋..........................1 顆
水煮蛋..........................1 顆
生菜..........................2 葉
紫葉生菜..........................1 葉
小番茄..........................2 顆
胡蘿蔔..........................1 小塊
牛奶..........................220ml
抹茶粉..........................少許

調味料

橄欖油、鹽、起司粉、檸檬汁、蒔蘿碎、希臘優格、歐芹碎

作法 Method

1. 鮭魚加鹽和檸檬汁，醃製 15 分鐘。
2. 馬鈴薯切小塊，放入開水中煮爛，撈出後搗成泥，與切碎的水煮蛋黃和少許牛奶一起放入小鍋中，小火慢煮，期間不停的攪拌，並加入鹽、起司粉和少許橄欖油，煮成糊狀後盛出，加入蛋白碎和胡蘿蔔碎，拌勻後即可裝盤。
3. 將生菜和紫葉生菜撕碎，與小番茄一起擺盤。
4. 將希臘優格、歐芹碎、檸檬汁和鹽混合，調成沙拉醬裝碟。
5. 平底鍋燒熱，加少許橄欖油，將鮭魚煎至兩面變色，撒少許鹽和蒔蘿碎，即可擺盤。
6. 雞蛋打成蛋液，加少量鹽，倒入鍋中炒一下並裝盤。
7. 牛奶加熱後沖調抹茶粉，即可享用。

NON-REPEATING BREAKFAST IN 10000 DAYS

Ramen

海鮮味噌拉麵

拉麵中常見白色的大骨湯，其實並沒有較多營養，白湯只是骨頭中煮出來的脂肪顏色而已，所以我在拉麵中會使用白味噌來做湯底。味噌由大豆發酵製成，含有優質蛋白質，而白味噌會比赤味噌更清淡一些，含鹽也更少。

材料 Ingredients

拉麵 50g
鮮蝦 ....3 隻
小章魚..........................2 隻
水煮蛋........................ 半顆
魚板 ....2 片
花椰菜..................... 1 小塊
菊花菜心 ....1 個
香菇 ....3 個
胡蘿蔔..........................3 片
火龍果..........................2 片
桃子 ....1 塊
奇異果........................ 半顆
小番茄..........................1 顆

調味料

白味噌
味醂
昆布
香蔥

作法 Method

❶ 將花椰菜、香菇、胡蘿蔔焯熟備用。

❷ 燒一鍋開水，放入鮮蝦、章魚、魚板和昆布，煮熟後全部撈出，昆布丟掉不用。

❸ 白味噌和味醂用溫水調勻，倒入剛剛煮過食材的水中，作為拉麵的湯底備用。

❹ 拉麵用開水煮熟，盛入碗中，擺入鮮蝦、章魚、魚板、青菜、水煮蛋、香菇。最後倒入白味噌湯底，撒上少許香蔥。

❺ 將火龍果、奇異果、桃子和小番茄擺入小碟中，即可享用。

Non-repeating
BREAKFAST
CHARGE WU
in 10000 days

香煎雞柳與清炒時蔬

雞柳是雞大胸內側的一小條肉，也叫雞里脊，其脂肪含量比雞胸更低一點，肉也更嫩，很適合煎著吃。我平時雖不太喝茶，但喜歡紅茶的味道，早上偶爾會用加熱的牛奶泡紅茶包，這不會增加太多熱量，卻有了新鮮的味道。

材料 Ingredients

甜橙軟歐麵包...............50g
雞柳...........................100g
水煮蛋..........................1 顆
花椰菜......................1 小塊
蘆筍.............................1 根
迷你胡蘿蔔..................1 根
抱子甘藍......................1 個
香菇.............................1 個
小番茄..........................1 顆
黃椒.........................1 小塊
紅椒.........................1 小塊
洋蔥.........................1 小塊
脫脂牛奶..................200ml
紅茶............................少許

調味料

檸檬汁　橄欖油
黑胡椒　香菜
鹽
太白粉

作法 Method

❶ 雞柳加檸檬汁、黑胡椒、鹽、太白粉，醃製 10 分鐘以上。

❷ 花椰菜和紅、黃椒切小塊，蘆筍切段，抱子甘藍和小番茄對半切開，香菇切片。

❸ 平底鍋燒熱，加少量橄欖油，油熱後煎醃好的雞柳，5 分鐘左右煎至兩面金黃即可。

❹ 將平底鍋清理乾淨，重新加入橄欖油，先放入迷你胡蘿蔔、抱子甘藍、蘆筍和花椰菜，煎至 5 分熟時放入香菇、彩椒、小番茄和洋蔥，加少量鹽和黑胡椒，拌炒均勻與對半切開的水煮蛋一起裝盤，並以香菜點綴。

❺ 脫脂牛奶加熱後與紅茶混合，再配上甜橙軟歐麵包，即可享用。

早午餐聖經

Non-repeating
Breakfast
in 365 days a year

火腿蛋炒飯配五色小食

傳統的炒飯都是以米飯為主，肉和蔬菜只是作為輔料和點綴，作為主食搭配其他菜肴吃沒問題，但如果只單吃一份炒飯，那營養就不太均衡了。所以我的炒飯或炒麵都會和平時的營養比例一樣，加入很多的肉和蔬菜。我最常做的就是加入雞蛋、火腿，以及各種蔬菜的炒飯，因為食材取得輕易，做起來也簡單。

材料 Ingredients

隔夜米飯 100g
瘦火腿 80g
雞蛋 .... 1 顆
小白菜苗 .... 1 小把
豌豆 .... 1 小把
無花果 .... 1 個
甜橙 .... 3 片
杏仁 .... 10 粒
南瓜子 .... 少許
日式醬菜 .... 少許
牛奶 200ml
草莓汁 20ml

調味料

橄欖油　蔥
鹽　蒜末
黑胡椒

作法 Method

❶ 火腿切小粒，雞蛋打成蛋液加少許鹽。

❷ 炒鍋燒熱，加少許橄欖油，倒入蛋液炒成雞蛋碎後出鍋。

❸ 炒鍋中再加一點橄欖油，炒香蔥末和蒜末，加入火腿粒，炒至變色後加入豌豆和小白菜苗，拌炒幾下，約七分熟後再加入米飯和雞蛋，炒至米飯粒粒分明，撒少許鹽和黑胡椒，即可出鍋。

❹ 將甜橙、無花果、日式醬菜和堅果分別擺盤。

❺ 牛奶混合草莓汁後倒入杯中，即可享用。

農曆 5.5

用不一樣的擺盤吃粽子、過端午

—THE DRAGON BOAT FESTIVAL—

端午節是紀念性的節日，總覺得有一些悲涼冷清，
所以我的早午餐也會清淡一些，像冰草就很適合這個節日。
端午節要吃粽子，到底是甜粽子好吃還是鹹粽子好吃，
一直是很多人爭論不休的話題。
我從小吃甜粽子長大，但也不排斥鹹粽子，碰到就要嚐一嚐。
在我看來，不挑食，什麼都試一下，會享受到更多樂趣。

端午節 THE DRAGON BOAT FESTIVAL

Non-repeating breakfast in 365 days a year

ALL FOR JOY

NON-REPEATING BREAKFAST IN 365 DAYS A YEAR

火腿煎蛋三明治與火龍果船

這份早午餐看起來很豐富，但只有三明治中的煎蛋需要用到火，其他的食材都可以直接食用，所以做起來非常簡單。我很喜歡抹茶的味道，所以經常會將它加在牛奶中，有些人聽到抹茶就會覺得它很甜，但其實也有無糖或低糖抹茶粉可以選擇，我一般都使用無糖抹茶粉。

材料 Ingredients

全麥吐司......................3 片
雞蛋.............................2 顆
牛肉火腿......................3 片
羅馬生菜......................3 葉
番茄.............................4 片
低脂起司片...................1 片
火龍果..........................半顆
草莓.............................1 顆
香蕉..........................1 小段
柳橙.............................1 片
藍莓.............................3 粒
李子............................半顆
牛奶.........................200ml
抹茶粉.........................少許

調味料

橄欖油
鹽
花生醬

作法 Method

❶ 用挖球勺將火龍果果肉挖成幾個球形，與香蕉、草莓、李子、柳橙、藍莓一起擺入火龍果果殼中。

❷ 第一片全麥吐司抹花生醬，依次擺入羅馬生菜和番茄片，擺入第二片全麥吐司（吐司上面也可以抹少量花生醬），接著放入羅馬生菜、低脂起司片和牛肉火腿。

❸ 平底鍋燒熱後加少量橄欖油，打入兩個雞蛋，加少許鹽，雙面煎熟，擺在加好食材的全麥吐司上。

❹ 放上第三片全麥吐司，找盤子或其他重物壓幾分鐘，使三明治更牢固，用刀切去全部吐司的四個邊，再對角切兩次，分成四塊並擺盤。

❺ 牛奶加熱後沖調抹茶粉，即可享用。

NON-REPEATING BREAKFAST IN 10000 DAYS

WOWOTOU

雜糧窩窩頭配抱子甘藍炒牛肉

窩窩頭(按:中國北方由玉米粉或雜糧製成的饅頭)是典型的粗糧類中式主食(讀者也可以用饅頭替代),只是我們現在的飯桌上並不常見了,而且現在買到的窩窩頭也不會像幾十年前那樣粗糙得難以下嚥,因為其中麵粉的比例會比較高。窩窩頭的搭配很多,偶爾出現在早午餐中還是很不錯的,也可以選用雜糧饅頭,自由搭配!

材料 Ingredients

玉米窩窩頭...................1 個
紫米窩窩頭...................1 個
雞蛋 ....1 顆
牛肉片........................ 120g
抱子甘藍 ....8 個
小番茄..........................2 顆
核桃 ....1 顆
牛奶 200ml
即食麥片 .... 少許

調味料

橄欖油　蒜末
鹽　辣椒碎
料酒　黑胡椒
低鈉醬油

作法 Method

❶ 牛肉片焯水去浮沫,抱子甘藍對半切開。

❷ 炒鍋燒熱,加少許橄欖油,炒香蒜末和辣椒碎,加入焯水後的牛肉片,拌炒幾下後加入抱子甘藍,加少量鹽、黑胡椒、料酒和低鈉醬油,炒至抱子甘藍變色即可出鍋裝盤。

❸ 平底鍋燒熱,熱鍋溫油,小火煎一個雞蛋,快出鍋時撒少量鹽,擺入盤中。

❹ 將兩個窩窩頭、小番茄和核桃擺盤。

❺ 牛奶中加入即食麥片,即可享用。

Non-repeating

CHARGE WU

BREAKFAST

—— in **10000** days

滑蛋焗烤蝦仁法棍

很多人認為起司的熱量很高，但其實優質的起司對減脂增肌是很有幫助的。起司分為天然起司和加工起司，後者由天然起司再加工而成的，會有一些添加劑，不推薦購買、食用。我會選擇脂肪含量較低的起司少量食用。

材料 Ingredients

法棍 ....2 塊
鮮蝦 ....6 隻
雞蛋 ....1 顆
低脂起司片....................1 片
青豆 ....1 小把
玉米粒......................1 小把
紅椒 ....1 小塊
生菜 ....2 葉
小番茄..........................3 顆
檸檬 ....1 片
牛奶 200ml
玉米片........................少許
即食麥片....................少許

調味料

橄欖油
鹽
歐芹碎
蒜末
黑胡椒
檸檬汁

作法 Method

❶ 紅椒切小粒，低脂起司片切小條，蝦子去頭、去殼，清理蝦線。

❷ 將蝦、玉米粒、青豆、紅椒粒分別擺在兩塊法棍上，撒蒜末、黑胡椒、檸檬汁和少許鹽，鋪上起司。

❸ 烤箱預熱至攝氏 180 度，放入擺好食材的法棍，烤 8 分鐘，出爐後撒少許歐芹碎後擺盤。

❹ 雞蛋打成蛋液，加一點鹽和牛奶，平底鍋冷鍋冷油，小火炒至嫩滑，盛出擺盤。

❺ 將生菜、小番茄、檸檬片擺盤。

❻ 牛奶中加入即食麥片和玉米片，即可享用。

NON-REPEATING BREAKFAST IN 10000 DAYS

CHOW MEIN

孜然烤肉炒麵

有時晚上會和朋友一起去吃燒烤，剩下的肉串就會打包回來，去掉肥肉，第二天早上做一份美味的烤肉炒麵。有人覺得羊肉不如牛肉脂肪含量低，其實牛、羊、豬這些家畜類的瘦肉部分脂肪含量都差不多，所以只要不吃肥肉都沒問題。

材料 Ingredients

刀削麵..........................50g
烤羊肉........................100g
水煮蛋.........................半顆
青椒............................半個
紅椒............................半個
洋蔥.........................1 小塊
木耳.........................1 小把
脫脂牛奶..................200ml
即食麥片.....................少許

調味料

橄欖油　　辣椒粉
鹽　　料酒
孜然　　低鈉醬油
蒜末

作法 Method

❶ 青椒、紅椒、木耳、洋蔥切塊。

❷ 刀削麵下入開水中煮 3 分鐘，撈起後過涼水備用。

❸ 熱鍋溫油，下蒜末炒香，放入烤羊肉炒至變色，接著放青椒、紅椒、木耳和洋蔥拌炒，最後放刀削麵，加料酒、低鈉醬油、鹽、孜然和辣椒粉，拌炒均勻，裝盤擺上水煮蛋。

❹ 脫脂牛奶中加入即食麥片，即可享用。

Non-repeating
BREAKFAST
CHARGE WU

—— in **10000** days

水波蛋香煎雞胸肉藜麥沙拉

藜麥不但含有優質碳水化合物，而且也是少數含有優質蛋白質的植物之一，所以在最近的減脂、增肌餐中經常能見到它的身影。我常常把藜麥和其他主食一起食用，因為藜麥的碳水化合物含量不算很高，只用它作為主食的話，飽足感不是很強。

材料 Ingredients

軟歐麵包......................50g
雞胸肉........................100g
雞蛋.............................1 顆
三色藜麥......................20g
玉米粒......................1 小把
胡蘿蔔粒..................1 小把
豌豆..........................1 小把
羅勒葉.........................少許
小番茄..........................3 顆
牛奶.........................200ml
抹茶粉.........................少許

調味料

黑胡椒	希臘優格
鹽	蒜末
太白粉	小香蔥
味醂	黃瓜
檸檬汁	白醋
橄欖油	

作法 Method

❶ 雞胸肉加鹽、味醂和太白粉，醃製 15 分鐘以上（最好前一天晚上放入冰箱醃製過夜）。

❷ 燒一小鍋水，水燒開後放入藜麥煮 12 分鐘，再放入玉米粒、胡蘿蔔粒和豌豆一起煮 2 分鐘，撈出後瀝乾水分後與小番茄、軟歐麵包一起裝盤，加羅勒葉點綴。

❸ 將黃瓜去籽切碎，盡量吸去水分，與希臘優格、蒜末、檸檬汁、黑胡椒、小香蔥、鹽一起混合成沙拉醬裝碟。

❹ 平底鍋燒熱，加少許橄欖油，放入醃好的雞胸肉，5 分鐘左右煎至兩面金黃即可。

❺ 用稍大一些的鍋燒水，在水中加一些白醋，水燒開後調至最小火，用筷子在水中攪出漩渦，打入雞蛋，1 ～ 2 分鐘待雞蛋定型後撈出。

❻ 牛奶加熱後沖調抹茶粉，即可享用。

Seafood

NON-REPEATING BREAKFAST IN 10000 DAYS

至尊海鮮炒飯

炒飯的作法雖然看起來大同小異，但我經常會嘗試各種花樣。像這種加入了番茄醬的海鮮炒飯，色彩濃烈，總讓人覺得食慾大增，並且它真的很美味。番茄醬我會選擇含糖量較低的，也就是營養成分表中碳水化合物那一欄數值較低的。

材料 Ingredients

隔夜米飯......................80g
蝦仁..............................50g
章魚..............................50g
魷魚圈...........................50g
水煮蛋...........................半顆
香菇..............................1 個
筍子..........................1 小塊
小番茄...........................6 顆
牛奶..........................200ml
即食麥片.......................少許

調味料

橄欖油	檸檬汁
鹽	低鈉醬油
低糖番茄醬	蔥

作法 Method

❶ 香菇和筍子切片，小番茄對半切開。

❷ 炒鍋燒熱，加少許橄欖油，放入蝦仁、章魚、魷魚圈炒熟，加入低糖番茄醬和檸檬汁，拌炒後盛出備用。

❸ 重新熱鍋，倒一點油，將米飯炒至粒粒分明，加入炒好的海鮮、香菇、筍子、小番茄，撒少許鹽，加少許低鈉醬油，炒熟後出鍋裝盤。

❹ 在炒飯上撒一些蔥花，並擺入水煮蛋。

❺ 牛奶中加入即食麥片，即可享用。

2017.6.2

我的
早餐紀錄1,000天

—— BREAKFAST 1,000 DAYS ——

2017 年 6 月 2 日，我的早餐記錄滿 1,000 天了。
最初開始記錄早餐，只想著要堅持下去，並沒有想過能做這麼久，
而我現在有了一個新的目標，那就是 10,000 天早餐不重複、不間斷！
其實「不重複」對我來說並不困難，
令我自豪的是，我至今未間斷過做早餐！

Non-repeating breakfast in

1000

days

Non-repeating
CHARGE WU BREAKFAST
—— in **10000** days

滑蛋火腿三明治

像生菜這類可以生吃的葉菜，我會在前一天晚上洗好，然後泡在清水中，這樣不但可以讓菜葉看起來更加細嫩、清脆，也能去除更多的農藥殘餘。要用的時候用沙拉脫水器甩乾水份，如果沒有脫水器，也可以用毛巾或廚房紙巾將菜葉包起來吸水。

材料 Ingredients

硬歐麵包......................2 塊
雞蛋.............................1 顆
瘦火腿..........................3 片
生菜.............................2 葉
紫葉生菜.......................1 葉
小番茄..........................2 顆
牛奶......................... 200ml

調味料

奶油	希臘優格
鹽	黃芥末醬
黑胡椒	檸檬汁
辣椒碎	蜂蜜
歐芹碎	蒔蘿碎

作法 Method

❶ 將硬歐麵包放入烤箱，攝氏 120 度烤 6 分鐘。

❷ 將希臘優格、黃芥末醬、蜂蜜、檸檬汁、蒔蘿碎和少量鹽混合成沙拉醬裝碟。

❸ 雞蛋打成蛋液，加一點鹽和牛奶，平底鍋冷鍋冷油，小火炒至嫩滑，盛出擺在烤好的硬歐麵包上，撒少許黑胡椒、辣椒碎和歐芹碎。

❹ 火腿稍微煎一下，與生菜、紫葉生菜、小番茄一起擺盤。

❺ 牛奶加熱後沖調抹茶粉，即可享用。

Non-repeating breakfast in 10000 days

Gyoza

溫暖的煎餃

我在很多節日都會吃餃子，記得小時候媽媽經常會煎餃子作為早餐，當然這些餃子都是前一天晚上吃剩下的，所以並不是南方常見的生煎餃，而是煮熟後的餃子，而且每面都要煎得焦焦的。我現在也會這麼吃，但油會放得很少。

材料 Ingredients

煮熟的水餃....................6 個
水煮蛋..........................1 顆
生菜 ....3 葉
紫菊苣..........................2 葉
草莓 ....2 顆
檸檬 ....1 片
牛奶 200ml
即食麥片 ....少許

調味料

橄欖油
香鬆

作法 Method

❶ 生菜和紫菊苣撕成小片，水煮蛋切瓣，與草莓和檸檬一起擺盤。

❷ 平底鍋燒熱，加少許橄欖油，將水餃煎至每面金黃，撒少許香鬆調味。

❸ 牛奶中加入即食麥片，即可享用。

NON-REPEATING BREAKFAST IN 10000 DAYS

西多士配水果麥片優格

西多士也叫法式吐司，為什麼會叫西多士呢？法國全稱法蘭西共和國，吐司的另一種音譯為多士，所以法蘭西多士就簡稱為西多士了。我們常見的西多士，就是煎、烤過並裹滿蛋液的吐司，有些還會夾入起司或火腿。

材料 Ingredients

全麥吐司......................1 片
瘦火腿..........................3 片
雞蛋.............................1 顆
水煮蛋.........................半顆
奶油生菜......................2 葉
紫葉生菜......................1 葉
小番茄..........................3 顆
檸檬.............................1 片
李子............................半顆
優格...........................200g
烤麥片.........................少許
奇異果.........................半顆
堅果............................少許

調味料

牛奶
鹽
奶油

作法 Method

❶ 將雞蛋打成蛋液，加少許牛奶和鹽備用。

❷ 奶油生菜和紫葉生菜撕開至適合入口的大小，李子切片，與火腿、小番茄、檸檬片、水煮蛋一起擺盤。

❸ 全麥吐司對角切成兩半，裹上打好的蛋液，放入有奶油的平底鍋中，煎至兩面金黃。

❹ 優格中加入奇異果、烤麥片、堅果即可享用。

NON-REPEATING BREAKFAST IN 10000 DAYS

BEEF NOODLES

經典牛肉麵

我不喜歡吃外面的牛肉麵，因為那真的只是一碗「麵」，不但肉少得可憐，蔬菜更是幾乎沒有，這樣的麵就算湯底再美味，也僅僅是一碗碳水化合物。在家中就不一樣了，前一晚滷好牛肉，早上煮一碗香味濃郁、口感豐富的牛肉麵，完美的一天開始了！

材料 Ingredients

拉麵..............................50g
滷牛肉........................100g
水煮蛋.........................半顆
板豆腐..........................30g
花椰菜..........................3 塊
香菇.............................1 個
胡蘿蔔..........................4 片

調味料

滷牛肉湯
鹽
香菜
蔥絲

作法 Method

❶ 香菇切十字花刀，與花椰菜、胡蘿蔔一起焯熟備用。

❷ 在小鍋中倒入剩下的滷牛肉湯，如果覺得湯太濃，可以加一點水，放入豆腐，撒適量鹽，用小火煮 2 分鐘。

❸ 另用一鍋開水將拉麵煮熟，盛入碗中，擺入滷牛肉、豆腐、花椰菜、胡蘿蔔、香菇和水煮蛋，倒入牛肉湯。

❹ 在麵上撒一些香菜和蔥絲，即可享用。

Non-repeating
BREAKFAST
CHARGE WU
—— in 10000 days

鳳尾蝦沙拉

我通常都會選擇較健康的麵包，但偶爾也會吃帶有餡料的，雖然熱量會高一些，但是吃起來會很有幸福感。當然，每個人對「偶爾」的定義是不一樣，可能是幾天，也可能是幾個月；如果幾個月才吃一次，那就完全不必擔心熱量了。

材料 Ingredients

高纖乳酪麵包............... 50g
水煮蛋.......................... 1 顆
蝦仁 .... 6 隻
羽衣甘藍 .... 4 葉
紫葉生菜 .... 2 葉
芝麻菜...................... 1 小把
紫甘藍.......................... 1 葉
小番茄.......................... 2 顆
黃椒 .... 1 小塊
洋蔥 .... 1 片
杏仁片......................... 少許
核桃 .... 1 顆
檸檬 .... 1 片
脫脂牛奶 200ml
玉米片......................... 少許
燕麥片......................... 少許

調味料

莫札瑞拉起司粉
紅酒醋
蘋果醋
檸檬汁
柳橙汁
鹽
橄欖油
義大利香料

作法 Method

❶ 麵包切片、羽衣甘藍和紫葉生菜撕小塊鋪在盤底，依次擺入水煮蛋、小番茄、芝麻菜、紫甘藍、黃椒、洋蔥、檸檬片。

❷ 平底鍋加熱，倒少許橄欖油，將蝦仁煎至兩面變色，撒少許鹽和義大利香料，盛出放入沙拉中。

❸ 在沙拉上加入杏仁片和核桃碎，最後撒上一些莫札瑞拉起司粉。

❹ 將紅酒醋、蘋果醋、檸檬汁、柳橙汁和少量鹽，混合成沙拉醬。

❺ 將脫脂牛奶倒入玉米片和燕麥片，即可享用。

NON-REPEATING BREAKFAST IN 10000 DAYS

TAMAGOYAKI

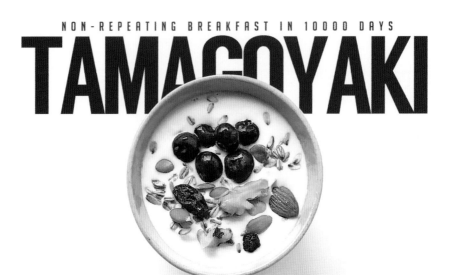

和風豆腐、厚蛋燒、煎雞胸肉配米飯

我喜歡日式的食物，因為它們小巧且精緻。雖然米飯、雞蛋、豆腐這類食材都很常見，烹飪步驟也不算複雜，但我都會另外加入一些小細節。比如厚蛋燒，明明只是雞蛋，卻有著和普通煎蛋不一樣的口感和造型。

材料 Ingredients

米飯 100g
雞胸肉......................... 100g
雞蛋 ....1 顆
嫩豆腐........................... 50g
生菜 ....1 葉
紫菊苣...........................1 葉
苦苣 ....1 葉
小番茄...........................2 顆
柳橙 ....2 片
優格 200g
藍莓 ....6 顆
烤麥片....................... 1 小把
混合堅果.................. 1 小把

調味料

香鬆	日本醬油
海苔絲	鹽
壽司醬油	橄欖油
玉米粉	牛奶
味醂	檸檬汁

作法 Method

❶ 雞胸肉加日本醬油、味醂和玉米粉，醃 15 分鐘以上（最好前一天晚上放入冰箱醃製過夜）。

❷ 米飯用香鬆拌勻擺盤。

❸ 生菜、紫菊苣、苦苣混合，淋上少許檸檬汁，與柳橙、小番茄一起擺盤。

❹ 嫩豆腐切小塊裝入盤中，撒海苔絲和壽司醬油。

❺ 平底鍋燒熱，加少許橄欖油，放入醃好的雞胸肉，5 分鐘左右煎至兩面金黃即可片擺盤。

❻ 雞蛋液中加少許牛奶和鹽混合。

❼ 燒熱平底鍋，鍋底刷一層橄欖油，倒入 40% 的蛋液，待蛋液稍微凝固，用筷子從一邊向後捲起，捲好後推到鍋邊，倒入剩下的 60% 蛋液，按照之前的步驟捲好就可出鍋。

❽ 優格中加入藍莓、烤麥片、混合堅果，即可享用。

6.21

世界滑板日，屬於我的獨特紀念日

GO SKATEBOARDING DAY

6 月 21 日是世界滑板日，這個日子對大部分人來說很陌生，對我卻意義非凡。十幾年前，我開始喜歡滑板，它讓我認識了許多至今都要好的朋友，也帶給了我很多美好的回憶，最重要的是，帶給了我面對困難的勇氣。感謝滑板。

GO SKATE-
BOARDING
DAY
JUNE
21

貓咪最愛的鮭魚法棍

我家有兩隻貓和一隻狗，每當我的餐點有海鮮等牠們喜歡的食物時，貓咪就會跳到飯桌上來「搶鏡」，狗狗則一直在桌子底下轉來轉去。牠們給我的早晨帶來了很多樂趣，我也會經常與牠們共進早午餐。

材料 Ingredients

法棍 ....2 塊
鮭魚 ....2 片
水煮蛋..........................1 顆
蘆筍 ....3 根
抱子甘藍 ....2 個
小番茄..........................2 顆
蘑菇 ....1 個
杏仁 ....4 粒
蒔蘿 .... 1 小根
蘋果 ....1 顆

調味料

希臘優格
菲達起司
檸檬汁
蒜末
橄欖油

作法 Method

❶ 蘆筍切段，抱子甘藍對半切開，蘑菇切片，一起下入開水中焯熟備用。

❷ 小番茄對半切開，杏仁切碎，水煮蛋切片，將以上食材拌勻擺盤。

❸ 取少量蒔蘿切碎，菲達起司切碎，與希臘優格、蒜末、檸檬汁混合調成沙拉醬裝碟。

❹ 法棍抹少量橄欖油放入烤箱，攝氏 150 度烤 6 分鐘，然後抹上調好的沙拉醬，擺上鮭魚和蒔蘿葉。

❺ 蘋果切小塊放入攪拌機，加一點水榨成蘋果汁即可享用。

Non-repeating

BREAKFAST

CHARGE WU

—— in **10000** days

培根煎蛋捲餅

一般人們會將培根歸類為高熱量食物，但仔細觀察，會發現超市中的培根種類有很多；有些脂肪含量在 30% 以上，有些只有 7% 左右，所以偶爾選擇一些精瘦的培根對減脂影響不大。有些人會覺得單吃培根味道太重，那就可以試試包在捲餅中，與其他食材混合著吃。

材料 Ingredients

捲餅皮..........................1 張
培根 ....4 片
雞蛋 ....1 顆
生菜 ....2 葉
紫葉生菜......................1 葉
小番茄..........................1 顆
黃瓜 ....4 片
菲達起司..................5 小塊
優格 200g
烤麥片......................1 小把
藍莓 ....6 顆
杏仁 ....3 粒

調味料

橄欖油
鹽

作法 Method

❶ 捲餅皮放入微波爐加熱 10 秒。

❷ 生菜、紫葉生菜撕成小塊，小番茄切片，與黃瓜片和菲達乳酪一起放上捲餅皮。

❸ 雞蛋打成蛋液，加少許鹽，熱鍋溫油，倒入蛋液攤成蛋餅，擺上捲餅皮。

❹ 平底鍋不用放油，小火將培根煎至兩面焦黃，擺在捲餅上，吃的時候捲起來就好。

❺ 優格中加入烤麥片、藍莓和杏仁，即可享用。

SQUID INK ONION BAGEL

Non-repeating breakfast in 365 days a year

墨魚貝果三明治

貝果是一種很健康的主食，口感有嚼勁、有較強的飽足感，而且製作起來比普通麵包更方便、省時，所以我有很多朋友都會自己做貝果，我也經常收到他們送的貝果大禮包。墨魚貝果就是其中之一，它由 40% 全麥粉製成，無油無糖，非常健康。

材料 Ingredients

墨魚貝果......................1 個
瘦火腿..........................3 片
雞蛋.............................1 顆
生菜.............................1 葉
番茄.............................1 片
牛奶......................... 200ml
即食麥片.....................少許

調味料

橄欖油
鹽
花生醬

作法 Method

❶ 將墨魚貝果放入烤箱，攝氏 150 度烤 6 分鐘。

❷ 取出烤好的貝果後切成兩片，一片塗抹花生醬，擺入生菜。

❸ 平底鍋燒熱，加少許橄欖油，煎一下番茄和火腿，再擺入貝果。

❹ 雞蛋打成蛋液，加少許鹽，熱鍋溫油，利用模具將蛋液攤成圓形蛋餅，擺入貝果中。

❺ 牛奶中加入即食麥片，即可享用。

NON-REPEATING BREAKFAST IN 10000 DAYS

UDON

牛肉炒烏龍麵

烏龍麵的熱量會比普通麵條低一些，而且吃起來口感爽滑、彈性十足，是我很喜歡的一種麵食；日式風味的炒烏龍我就更愛了，它的精髓就在於味醂和日本醬油等日式調味料。味醂可以理解為一種帶甜味的料酒，日本醬油通常會比我們常吃的醬油味道清淡一些。

材料 Ingredients

烏龍麵.......................... 50g
牛肉片........................ 120g
水煮蛋.......................... 1 顆
青椒 .... 半個
紅椒 .... 半個
洋蔥 .... 1 小塊
牛奶 200ml
即食麥片 .... 少許

調味料

橄欖油
鹽
味醂
日本醬油
香鬆

作法 Method

❶ 青椒、紅椒、洋蔥切絲，牛肉片焯水後備用。

❷ 烏龍麵下入開水中煮 3 分鐘，撈起後過涼水備用。

❸ 熱鍋溫油，放入牛肉片炒香，接著放青椒、紅椒和洋蔥絲拌炒，加味醂、日本醬油和少許鹽調味，最後放烏龍麵，拌炒均勻。

❹ 水煮蛋切瓣後擺在炒烏龍麵上，撒適量香鬆。

❺ 牛奶中加入即食麥片，即可享用。

NON-REPEATING BREAKFAST IN 10000 DAYS

scone

無糖全麥司康、煎蝦沙拉

司康是一種英式點心，由於它不像麵包需要經過長時間發酵，製作起來較方便、省時，而且司康的口感並不追求精緻、細膩，所以很適合用健康的全麥麵粉來做。

雖然我改良後的司康不如外面買的那麼香甜，但對於習慣健康飲食的人來說，它是一種非常美味的甜品。下面介紹的司康作法並不是一人份的量，我大概可以吃 5 次，吃不完的可以冷凍保存。

材料 Ingredients

全麥麵粉 250g
雞蛋 .... 2 顆
蛋白棒 .... 1 根
杏仁 25g
藍莓 90g
牛奶 120ml
鮮蝦 .... 6 隻
生菜 .... 1 葉
紫甘藍 .... 1 葉
小番茄 .... 3 顆
優格 200g
混合麥片 .... 少許
草莓 .... 1 顆

調味料

橄欖油	泡打粉
鹽	紅糖
奶油	義式香料

作法 Method

❶ 全麥麵粉中加入 2g 鹽、3g 泡打粉混合均勻。

❷ 蛋白棒和 20g 奶油切成小塊，混入麵粉中，並將奶油搓成小顆粒，用麵粉包裹。

❸ 將藍莓和杏仁加入麵粉中攪勻。

❹ 將 1 顆雞蛋打成蛋液，與牛奶和 15g 紅糖混合後加入麵粉中，大致攪拌即可。

❺ 將麵糰放在砧板上，按壓成厚 2 釐米左右的餅狀，對切成三角形的小塊，並在表面塗一些蛋液。

❻ 放入烤箱用攝氏 180 度烤 20 分鐘。

❼ 將烤好放涼後的司康與生菜、紫甘藍、小番茄一起擺盤。

❽ 平底鍋加熱，倒少許橄欖油，放入開背去蝦線的蝦子，煎至兩面金黃後，撒少許鹽和義式香料，出鍋裝盤。

❾ 將另一顆雞蛋打成蛋液，加一點鹽，平底鍋冷鍋冷油，小火炒至嫩滑，盛出擺盤。

❿ 優格中加入混合麥片、藍莓和草莓，即可享用。

Non-repeating

CHARGE WU **BREAKFAST**

—— in **10000** days

香菇菠菜雞肉粥配煎豆腐

很多人會覺得早上煮粥太費時間了，尤其是食材豐富的粥更花時間。其實這種粥可以分為兩個步驟：前一天晚上煮好白粥；第二天早上加入其他食材，再煮十幾分鐘就可以了。這樣既省時，還能保證食材新鮮。而像菠菜這種綠葉菜盡量最後放入，以免把粥染色。

材料 Ingredients

白米 30g
雞胸肉 50g
雞蛋 .... 2 顆
雞蛋豆腐 100g
奶油生菜 .... 2 葉
紫葉生菜 .... 1 葉
小番茄 .... 3 顆
香菇 .... 1 個
胡蘿蔔 .... 1 小段
菠菜 .... 1 小把
檸檬 .... 1 片

調味料

玉米粉　橄欖油
檸檬汁　海苔絲
鹽　柴魚片
薑絲　鰹魚香鬆

作法 Method

❶ 白米在清水中浸泡半小時（可提前泡好）。

❷ 雞胸肉切小塊，加鹽、檸檬汁、玉米粉，醃製 10 分鐘以上。

❸ 兩顆雞蛋打成蛋液備用，香菇切片，胡蘿蔔切丁，菠菜焯熟、切段備用。

❹ 將奶油生菜和紫葉生菜切碎拌勻，與小番茄、檸檬片一起擺盤。

❺ 白米放入加水的鍋中，米和水的比例大概為 1：10，煮 30 分鐘，期間多攪拌幾次，以防黏鍋。

❻ 將香菇片、胡蘿蔔丁、薑絲和醃好的雞胸肉倒入鍋中，加鹽和幾滴橄欖油，再煮 10 分鐘後加入菠菜，攪拌均勻。

❼ 雞蛋豆腐切塊，裹上打好的蛋液，放入加有橄欖油的煎鍋中，小火煎至兩面金黃，即可裝盤，撒少許鰹魚香鬆、柴魚片和海苔絲。

❽ 將剩餘的蛋液炒熟裝盤，即可享用。

農曆 7.7

今年七夕改送能吃的花

CHINESE VALENTINE'S DAY

七夕這天，情侶的慶祝方式大多離不開美食，吃與愛分不開。
去高級餐廳或在家下廚，不會影響愛的多寡。
兩個人一起生活久了，會覺得在家做一桌普通飯菜來度過情人節，也是另一種幸福。
我老婆對花粉過敏，所以我從來沒送過花給她，
但鮭魚做成的花束也許一樣可以表達我的這份愛意。

Valentine's

NON-REPEATING BREAKFAST IN 10000 DAYS

GUACAMOLE

酪梨醬麵包配煙燻鮭魚沙拉

煙燻鮭魚會比新鮮鮭魚多一些鹽，但是方便食用和儲存，有點像火腿與鮮肉的區別。雖然煙燻鮭魚有點鹹，但我們可以用它來搭配那些味道較淡的健康食物，例如沙拉，這樣偶爾食用也不會影響健康。

材料 Ingredients

全麥麵包......................2 片
煙燻鮭魚...................... 50g
水煮蛋..........................1 顆
酪梨 ....半顆
波士頓奶油生菜 ....2 葉
紫菊苣..........................2 葉
小番茄..........................2 顆
檸檬 ....1 片
脫脂牛奶 200ml
即食麥片 ....少許

調味料

黑胡椒	牛奶
蒜末	鹽
檸檬汁	蘋果醋
羅勒碎	蜂蜜

作法 Method

❶ 全麥麵包放入烤箱，攝氏 120 度烤 5 分鐘。

❷ 水煮蛋對半切開，波士頓奶油生菜和紫菊苣撕碎，小番茄對半切開，三種食材混合拌勻，與檸檬片、水煮蛋、煙燻鮭魚一起擺盤。

❸ 將蘋果醋、檸檬汁、蜂蜜、鹽和水混合，調成沙拉汁裝碟。

❹ 將酪梨搗成泥，加入黑胡椒、蒜末、檸檬汁、羅勒碎、鹽和少許牛奶，調成酪梨醬。

❺ 取出烤好的麵包，均勻塗抹酪梨醬，擺入盤中。

❻ 脫脂牛奶中加入即食麥片，即可享用。

BREAKFAST NICE BODY

CHARGE WU

Non-repeating breakfast in 10000 days

牛肉火腿捲餅

捲餅和三明治、漢堡一樣，都是把所有食材組合在一起食用，每一口都能吃到全部食材，營養也可以很均衡。但捲餅相對來說更加「萬能」，因為它就像一個袋子，裡面裝各種形狀的食物也不會輕易掉出來。捲餅皮可以選擇現成的，也可以一次性做很多，然後冷凍保存。

材料 Ingredients

捲餅皮..........................1 張
雞蛋.............................1 顆
牛肉火腿......................2 片
羅馬生菜......................2 葉
花椰菜..........................2 塊
胡蘿蔔..........................2 片
小番茄..........................3 顆
優格...........................200g
烤麥片.........................少許
麥圈............................少許
蜜紅豆.........................少許

調味料

橄欖油
鹽
花生醬

作法 Method

❶ 花椰菜和胡蘿蔔在開水中焯熟，與小番茄一起擺盤。

❷ 捲餅皮放入微波爐加熱 10 秒。

❸ 在捲餅皮上塗抹花生醬，放上羅馬生菜。

❹ 雞蛋打成蛋液，加少許鹽，熱鍋溫油，倒入蛋液攤成蛋餅，擺在捲餅皮上。

❺ 平底鍋不用放油，煎一下牛肉火腿，放在捲餅上。

❻ 將捲餅捲好，中間斜切一刀擺盤。

❼ 優格中加入烤麥片、麥圈和蜜紅豆，即可享用。

Non-repeating breakfast in 10000 days

WAFFLE

低脂高蛋白草莓鬆餅

鬆餅一般會被大家視為甜品，減脂的時候就不太敢吃了，但我的作法不會放糖，而是用「蛋白粉」代替。高蛋白粉中用的都是調味劑或代糖，其熱量很低，而且還能提供大量的蛋白質。不健身的人可能對高蛋白粉有一些疑慮，其實它只是用來補充蛋白質而已，只要不食用過量是不會有問題的。

材料 Ingredients

低筋麵粉 40g
草莓高蛋白粉 30g
雞蛋 .... 2 顆
草莓 .... 2 顆
奇異果......................... 半顆
藍莓 .... 7 顆
腰果 .... 4 粒
希臘優格 50g
牛奶 300ml
即食麥片 .... 少許

調味料

橄欖油
鹽
泡打粉

作法 Method

❶ 低筋麵粉、草莓蛋白粉、雞蛋與 100ml 牛奶混合，加 1g 鹽和 1g 泡打粉攪拌均勻。

❷ 將攪勻的麵糊倒入預熱好的鬆餅機中，烤至兩面呈深黃色就可以取出擺盤。

❸ 在鬆餅上倒入希臘優格，再擺上草莓、奇異果、藍莓和腰果碎。

❹ 雞蛋打成蛋液，加一點鹽，平底鍋冷鍋冷油，倒入蛋液，小火炒至嫩滑，盛出擺盤。

❺ 牛奶中加入即食麥片，即可享用。

FRIED NOODLES

雞胸時蔬義大利麵

義大利麵是減脂時推薦的主食之一，因為它是由硬質小麥粉（杜蘭小麥）製成的，相比用精細麵粉做的普通麵條更加健康。我做義大利麵的方法和炒麵差不多，都是先煮麵，然後和其他食材一起拌炒，這樣只需加一些鹽或黑胡椒等調味料即可，不必像傳統義大利麵那樣配醬，大大降低熱量。

材料 Ingredients

義大利麵 50g
雞胸肉 120g
水煮蛋 .... 1 顆
小番茄 .... 6 顆
豌豆 .... 6 根
鴻喜菇 .... 1 小把
洋蔥 .... 1 片
黃椒 .... 1 小塊
菠菜 .... 1 小把

調味料

橄欖油　黑胡椒
鹽　義大利香料
玉米粉
檸檬汁

作法 Method

❶ 雞胸肉切塊，加鹽、檸檬汁、黑胡椒和玉米粉醃製 15 分鐘以上。

❷ 燒一鍋開水，加少量橄欖油和鹽攪勻，放入義大利麵煮 5 分鐘。

❸ 豌豆切段焯熟，菠菜焯熟，小番茄對半切開，黃椒和洋蔥切絲，鴻喜菇去根備用。

❹ 平底鍋加熱，倒少許橄欖油，放入醃好的雞胸肉，煎至兩面微微變色，再加入豌豆、小番茄、黃椒、洋蔥、鴻喜菇，炒至 8 成熟時放入煮好的義大利麵，加鹽、義大利香料和黑胡椒調味，攪拌均勻就可以出鍋。

❺ 最後將水煮蛋對半切開擺上，即可享用。

Non-repeating

BREAKFAST

CHARGE WU

—— in **10000** days

煎牛排沙拉

其實我早上是很少吃牛排的，牛肉又嫩又瘦的部位較少，所以價格都偏高，如菲力牛排。我喜歡吃 3 分熟左右的牛肉，便宜的部位就很難嚼、不易消化，所以我只會偶爾買一些品質好的牛排來做早餐。

材料 Ingredients

全麥麵包 50g
牛排 120g
水煮蛋 .... 1 顆
小番茄 .... 5 顆
羽衣甘藍 .... 1 葉
生菜 .... 1 葉
紫菊苣 .... 1 葉
優格 200g
草莓 .... 2 個
即食麥片 .... 少許

調味料

橄欖油	希臘優格
鹽	黃芥末醬
黑胡椒	紅酒醋
迷迭香	檸檬汁
辣椒碎	

作法 Method

❶ 牛排加鹽（最好是海鹽）、迷迭香和黑胡椒醃製 15 分鐘以上。

❷ 全麥麵包入烤箱，120 攝氏度烤 5 分鐘。

❸ 將希臘優格、黃芥末醬、紅酒醋、檸檬汁、鹽混合，調成沙拉汁裝碟。

❹ 水煮蛋切瓣，生菜、羽衣甘藍、紫菊苣撕成小塊，小番茄對半切開。

❺ 平底鍋加熱，倒少許橄欖油，油稍微冒煙時放入醃好的牛排，每面煎 1 ～ 2 分鐘即可，出鍋後靜置幾分鐘。

❻ 將牛排切片，與水煮蛋、生菜、羽衣甘藍、紫菊苣、小番茄一起擺盤，撒少許辣椒碎。

❼ 優格中加入即食麥片和草莓，即可享用。

congee

NON-REPEATING BREAKFAST IN 10000 DAYS

紫薯粥配炒蛋與煎蔬菜

我平時如果做粥，就會像炒飯那樣放很多食材，以保證營養的均衡；如果是做紫薯粥這種只有主食的粥，則會額外多搭配一些菜和肉來吃。如果覺得煮好的紫薯粥顏色不夠鮮亮，可以加一點檸檬汁或白醋，效果會很明顯。

材料 Ingredients

白米 30g
紫薯 30g
雞蛋 ....2 顆
瘦火腿..........................2 片
迷你胡蘿蔔...................2 根
抱子甘藍 ....4 個
香菇 ....1 個
黃椒 ....1 小塊
小番茄..........................2 顆
洋蔥 ....1 小塊
核桃碎.........................少許
蔓越莓乾.....................少許

調味料

橄欖油
鹽
黑胡椒

作法 Method

❶ 白米在清水中浸泡半小時（可提前泡好）。

❷ 紫薯去皮，切成小塊，與白米一起放入鍋中，加入大概 10 倍於白米的水，煮 40 分鐘，期間記得多攪拌幾次，以防黏鍋。

❸ 抱子甘藍和小番茄對半切開，香菇、黃椒和洋蔥切塊。

❹ 平底鍋燒熱，加橄欖油，放入迷你胡蘿蔔和抱子甘藍，煎至 6 成熟後放入香菇、黃椒、洋蔥和小番茄，加少許鹽和黑胡椒煎熟。

❺ 將兩顆雞蛋加鹽打成蛋液，熱鍋溫油，炒熟後與火腿一起擺盤。

❻ 將煮好的紫薯粥盛入碗中，加少許核桃碎和蔓越莓乾，即可享用。

12.25

聖誕樹也能在餐盤出現

CHRISTMAS DAY

每到年底時，人們總是忙得焦頭爛額，
快樂的節日會給我們煩躁的情緒些許安慰。
聖誕節雖然是西方的節日，但我們還是會對它滿懷期待，
滿街都布置得紅紅綠綠，火樹銀花，如童話一般。
禮物、聚會、晚餐……
在一年最冷的日子裡，這樣的節日讓人感到溫暖。

MERRY
XMAS
2016
CHARGE WU
Non-repeating breakfast in 365 days a year

ALL FOR JOY BREAKFAST NIC ODY

CHARGE WU

香蕉堅果法棍配香煎低脂豬排

烤過的麵包上加花生醬、香蕉和堅果，這是我非常喜歡的一個搭配，香甜的味道能使人產生幸福感，而且非常適合早上有運動習慣的人。花生醬我會選擇無鹽無糖或低鹽低糖的，豬排也選擇脂肪含量很低的，與牛排相差無幾。

材料 Ingredients

法棍 ....2 塊
豬排 100g
水煮蛋.........................1 顆
花椰菜.........................1 塊
紫甘藍.........................1 葉
黃椒 ....1 塊
小番茄.........................2 顆
香蕉 ....8 片
杏仁 ....5 粒
牛奶 200ml
即食麥片 .... 少許

調味料

橄欖油
鹽
黑胡椒
壽司醬油
芥末油
味醂
檸檬汁
花生醬

作法 Method

❶ 豬排加鹽和黑胡椒醃製 15 分鐘以上。

❷ 法棍放入烤箱，攝氏 150 度烤 6 分鐘。

❸ 花椰菜掰成小塊焯熟，小番茄對半切開，紫甘藍與黃椒切小塊，水煮蛋對半切開，一起擺盤。

❹ 將壽司醬油、味醂、芥末油、檸檬汁和少許水混合，調成沙拉汁裝碟。

❺ 烤好的法棍上塗抹花生醬，擺入香蕉片和杏仁碎。

❻ 平底鍋燒熱，加橄欖油，將豬排煎至兩面金黃出鍋擺盤。

❼ 牛奶中加入即食麥片，即可享用。

Non-repeating
CHARGE WU
BREAKFAST
– in **10000** days

檸香清蒸小黃魚

這份餐點烹飪的步驟比較多，但所有步驟都能在早上就完成，甚至連小黃魚開膛、去鱗也是。總時間會控制在 40 分鐘左右，這就需要我們合理的安排流程，充分利用有些可以同時操作的步驟來節約時間，例如蒸魚和煮湯就可以同時進行。

材料 Ingredients

窩窩頭..........................1 個
雞蛋 ....2 顆
小黃魚..........................1 條
番茄 ....1 小塊
蘑菇 ....1 個
板豆腐......................1 小塊
蘆筍 ....3 根
秋葵 ....2 根

調味料

蒜	蒸魚豉油
小香蔥	檸檬汁
黑胡椒	香菜
鹽	太白粉
橄欖油	

作法 Method

❶ 將小黃魚處理乾淨，加少許檸檬汁和鹽醃製 10 分鐘。

❷ 一顆雞蛋煮熟，另一顆打成蛋液備用。

❸ 蘑菇切片，番茄和板豆腐切小塊，蘆筍和秋葵切段，蒜一半切末，一半切片。

❹ 燒一小鍋開水，放入切好的番茄和蘑菇，煮開後轉小火，將太白粉加水調勻，倒入鍋中，並加適量鹽，接著慢慢倒入蛋液，邊倒邊用筷子在鍋中攪拌，倒完關火即可。

❺ 將醃好的小黃魚放入小碟，加蒜片和檸檬片，倒少許蒸魚豉油，將小碟放入燒開水的蒸鍋內，蒸 8 分鐘。

❻ 平底鍋燒熱，加少量橄欖油，放蒜末炒香，然後放入板豆腐、蘆筍和秋葵，加鹽和黑胡椒拌炒，出鍋時撒少許小香蔥即可。

❼ 將窩窩頭和水煮蛋對半切開並裝盤，蒸好的小黃魚上撒一些香菜和小香蔥，即可享用。

BAGUETTE

NON-REPEATING BREAKFAST IN 10000 DAYS

蒜香法棍與酪梨烤蛋

像蒜香法棍這種食物做起來幾乎不太會失誤，只要不烤焦就很美味，但是酪梨烤蛋就需要一些技巧了，如果做得不好，吃起來會像在嚼塑膠。不過有些食物不要因為第一次做得不好吃就放棄，也許只是小地方沒有處理好，多嘗試幾次就好了。

材料 Ingredients

法棍 ....2 塊
雞蛋 ....1 顆
酪梨 ....半顆
瘦火腿丁 ....少許
羅馬生菜 ....2 葉
紫葉生菜 ....2 葉
芝麻菜.........................少許
小番茄..........................4 個
菲達起司 ....1 小塊
杏仁 ....5 粒
檸檬 ....1 片
脫脂牛奶 200ml
燕麥圈.........................少許

調味料

歐芹碎　　　鹽
蒜末
橄欖油

作法 Method

❶ 將歐芹、蒜末、橄欖油和少量鹽混合，均勻塗抹在法棍上（可以用奶油代替橄欖油，這樣味道更好）放入烤箱，攝氏 150 度烤 6 分鐘。

❷ 羅馬生菜、紫葉生菜、芝麻菜撕碎，小番茄對半切開，菲達乳酪切小塊，杏仁切碎，以上幾種食材混合拌勻，與檸檬片一起擺盤。

❸ 將酪梨挖去一部分果肉，給要放入的雞蛋多留一些空間。

❹ 雞蛋打入碗中，用勺子將蛋黃和少量蛋白盛入酪梨中，放入烤箱，攝氏 180 度烤 6 分鐘後取出，這時的蛋液已基本定型，再撒入瘦火腿丁和歐芹碎，烤 5 分鐘即可。

❺ 脫脂牛奶中加入燕麥圈，即可享用。

FUSSILI

NON-REPEATING BREAKFAST IN 10000 DAYS

鮮蝦蘆筍炒三色螺旋義大利麵

義大利麵的種類有很多，我偶爾也會選擇一些有特別造型的義大利麵，如三色螺旋義大利麵，紅色的用了番茄汁，綠色用了菠菜汁，再加上原味的白色，也正好湊齊了義大利國旗的顏色：綠、白、紅。色彩豐富的早午餐會帶來一天的好心情！

材料 Ingredients

三色螺旋義大利麵........50g
蝦仁............................100g
水煮蛋..........................1 顆
蘆筍..............................4 根
冬筍.........................1 小塊
紅椒.........................1 小塊
洋蔥.........................1 小塊
牛奶.........................200ml

調味料

橄欖油　黑胡椒
鹽　義式香料
蒜末　歐芹碎
檸檬汁

作法 Method

❶ 燒一鍋開水，加少量橄欖油和鹽攪勻，放入三色螺旋義大利麵，煮 13 分鐘（或包裝上的建議時間）。

❷ 蘆筍切段，冬筍和紅椒分別切片和切圈，洋蔥切小塊，水煮蛋切瓣備用。

❸ 平底鍋加熱，倒少許橄欖油，炒香蒜末，放入蝦仁翻炒，變色後加入蘆筍、冬筍、紅椒、洋蔥，炒至 8 成熟時放入煮好的三色螺旋義大利麵，加鹽、檸檬汁、義式香料和黑胡椒調味，攪拌均勻就可以出鍋。

❹ 最後擺上水煮蛋，撒少許歐芹碎。

❺ 牛奶倒入杯中，即可享用。

Non-repeating

BREAKFAST

—— in **10000** days

香酥雞大腿配黑麵包

除了雞胸肉和雞小腿之外，我偶爾也會吃雞大腿，雞大腿的脂肪含量略高一些，處理時記得一定要去皮。對於比較厚的肉，我都會先煎後烤：先煎一下可以使表面金黃焦脆，色澤誘人；後烤可以讓肉熟得更透，表面又不會過於焦糊。

材料 Ingredients

堅果仁黑麵包..............2 片
雞大腿..........................1 個
雞蛋 ....1 顆
花椰菜..........................2 塊
酪梨 ....半顆
小番茄..........................3 顆
黃小番茄 ....2 顆
紫玉番茄 ....2 顆
優格 200g
火龍果......................1 小塊
奇異果.........................半顆
即食麥片 ....少許

調味料

橄欖油	黑胡椒
鹽	羅勒碎
低鈉醬油	牛奶
料酒	蒜末
玉米粉	辣椒碎
檸檬汁	

作法 Method

❶ 雞大腿去皮，劃幾個斜刀，加入低鈉醬油、料酒、黑胡椒和玉米粉醃製 15 分鐘以上。

❷ 堅果仁黑麵包放入烤箱，攝氏 150 度烤 6 分鐘。

❸ 花椰菜焯熟，與 3 種小番茄一起擺盤。

❹ 將酪梨搗成泥，加入黑胡椒、蒜末、檸檬汁、羅勒碎、鹽和少許牛奶，調成酪梨醬裝碟。

❺ 平底鍋燒熱，加少許橄欖油，將醃好的雞大腿煎至表面金黃，放入烤箱，攝氏 200 度烤 20 分鐘，取出後撒少許辣椒片裝盤。

❻ 平底鍋燒熱，熱鍋溫油，小火煎一顆雞蛋，快出鍋時撒少量鹽，擺入盤中。

❼ 優格中加入奇異果、火龍果和即食麥片，即可享用。

NON-REPEATING BREAKFAST IN 10000 DAYS

BEEF RICE

和風牛肉飯

我發現很多人習慣把牛肉片稱為肥牛片，其實牛肉片不一定就是肥的，有些超市或肉鋪也有比較瘦的牛肉片。如果實在買不到瘦牛肉片，可以在烹飪前把牛肉片肥的部分切掉不要，因為每一片肥的位置都基本一樣，所以還算好處理，這樣就可以變成健康的牛肉片了。

材料 Ingredients

米飯 100g
牛肉片 120g
水煮蛋 .... 半顆
青江菜 .... 1 顆
香菇 .... 1 個
胡蘿蔔 .... 3 片
玉米粒 .... 少許
白洋蔥 .... 1/3 個
牛奶 200ml

調味料

橄欖油
味醂
日本醬油
香鬆
抹茶粉

作法 Method

❶ 牛肉片焯水，去浮沫後撈出備用。

❷ 米飯裝入盤中，撒適量香鬆。

❸ 香菇切十字花刀，與青江菜、胡蘿蔔、玉米粒一起焯水後裝盤。

❹ 將日本醬油、味醂加水混合，比例為 1：2：2。熱鍋溫油，放入切成條的白洋蔥炒香，倒入剛剛調好的調味汁，待白洋蔥煮軟後加入牛肉片，拌炒幾下即可出鍋。

❺ 將炒好的牛肉片擺入盤中，並加入水煮蛋。

❻ 牛奶加熱後沖調抹茶粉，即可享用。

農曆 1.1

最重要的節日 春節

THE SPRING FESTIVAL

春節是華人社會最重視的傳統節日，我們都會準備最豐盛的美食來慶祝。
雖然各地的習俗不太一樣，但大魚大肉基本是春節的「標配」。
在春節的時候變胖，對我們來說也在所難免。
我小時候的春節都是在爺爺家過的，一大家子人非常熱鬧。
爺爺曾經做過廚師，是很講究吃的人，
每逢春節都會準備很多美食，記憶中除了各種雞鴨魚肉，
少不了的還有用黃米麵做的年糕，軟軟黏黏的，非常美味。

春節

THE SPRING FESTIVAL

BREAKFAST
Non-repeating breakfast in 365 days a year

ALL
FOR
JOY

Non-repeating
BREAKFAST
in 10000 days

NON-REPEATING BREAKFAST IN 365 DAYS A YEAR

Non-repeating
Breakfast
in 10000 days

端午
DRAGON BOAT FESTIVAL

MID-AUTUMN
FESTIVAL
中秋

Non-repeating
BREAKFAST
in 10000 days

CHARGE

第四章

擺盤，
以設計師的視角

Food presentation

Food presentation
呈現美的料理，是對食材的尊重

如果健康、美味的食物還能足夠好看，那就可以稱得上完美了！因為這樣的食物一定可以帶給我們享受和快樂。

有些人會覺得只是吃飯而已嘛，擺那麼好看有什麼用？費時費力，反正馬上就要被吃掉；還有人覺得好看的食物多半不好吃，因為大部分精力一定都用到了外表上。

但無論是什麼想法，我從沒聽過有人說：我不喜歡吃好看的食物，我就喜歡吃醜的食物。人們都喜歡美好的事物，所以如果有機會，還是可以學習一下如何更美的呈現食物，這也是愛自己、愛生活的表現。

我是一名設計師，也是從小就很愛美的人，擺盤時自然會用到多年來設計和美學方面所學的知識，但大多數時候都是憑著感覺在做，直到要寫這本書時，才開始總結自己的一些經驗和心得。

下面要講的就是我覺得對於大部分初學者來說很有幫助的幾個擺盤要點。一起來試試看吧。

01 比例

我的早午餐大多以一個大盤子擺放各種食物，所以我會把這盤食物看作一個整體。首先要注意的就是餐盤與其中食物的比例，食物占餐盤的面積越大，給人的感覺就會越豐盛，越少則越精緻。

提到擺盤，我們可能最先想到的就是那些精緻的西餐，其中的食物往往只占餐盤的 40%，甚至更小的面積，這種奢侈的大面積留白，會給人精緻、高貴的感覺。我的習慣是讓食物占盤子的 60% ～ 80%，裝太滿會顯得不夠精緻，太少則很難保證吃得飽和營養均衡。

食物占餐盤
80%

盤中滿滿的食物，會給人豐盛和滿足的感覺，占比超過 80% 的擺盤常見於海鮮拼盤、蔬菜拼盤等大份菜肴中。

奢侈的留出大面積的空間不用，這樣可以讓食物看起來更高級、更精緻，占比小於 60% 的擺盤常見於各種西式菜肴和甜品等。

食物占餐盤
60%

02 重複

在擺盤時重複其中的一些元素，比如食材的大小、顏色、樣式等，這樣看起來會更有條理，整體統一也能增強視覺效果。其實這種方式我們在日常生活中也經常使用，比如將黃瓜切成同樣大小和厚度，整齊、規律的排列起來，這就是生活中最常見的「重複」，也是我們理解中最直觀的「擺盤」。

想要一致，那就該絕對一致

這碗麵中的豬肝、胡蘿蔔和辣椒都切成了同樣大小，整齊、規律的向同一方向排列開，這是十分常見的擺盤方式。如果想達到這種像「複製貼上」一樣的效果，那就要盡量讓食材的大小和厚度等相似點保持絕對一致，這樣才能最大限度的增強視覺效果。試想這幾種食材如果切得薄厚不一，擺放得歪七扭八，那畫面將會有多糟糕。

重複不只是完全相同的

雖然盤中的 6 份食物，在食材還是顏色上，看起來都各不相同，但它們的底部都有同樣大小的一塊餅，而且很有規律的排列著，這樣的擺盤同樣會給我們整體統一的感覺。所以除了重複完全相同的食材外，我們還可以巧妙的利用某一種鮮明的元素來保持一致性。要注意的是，重複的元素要足夠明顯，不然還是無法達到重複的效果。

避免呆板

雖然「重複」是非常實用且常見的表現形式，但也正是因為太過於常見，使它很容易變得平平無奇甚至呆板。比如在一盤食物周圍擺一圈黃瓜片——就算黃瓜切得再精細，擺得再整齊，也很難給人驚喜，這個時候我們根本不想去思考它到底美不美。我們需要在重複中多出現一些變化，並與其他表現形式結合使用。

03 對比

對比可以使盤中的食物層次分明，更具吸引力。有大才有小，有明才有暗，有繁才有簡。如果你想使用對比，那就盡量做得明顯一些，不然就容易含糊不清。

我最初做早餐時，經常會提前想好要做的食物，各種三明治、肉、沙拉，在想像的畫面裡都很完美，而且每樣做出來的效果也都不錯，但一擺盤就會感覺很糟糕，這就是因為每種食物都過於豐富多彩，擺在一起會互相搶視線，便沒有了重點，讓人覺得亂糟糟的。

對比有很多種方式，比如大小、明暗、繁簡、不同造型等，我們往往會將幾種對比結合在一起使用，但要注意別用得太過火，不然「太多的對比反而會變成沒有對比」。

✓ 有了對比的擺盤更具吸引力

這盤食物中沙拉的食材和色彩都比較豐富，很搶眼，那旁邊就可以選擇放兩片簡單的麵包，色彩和所占面積都會低於沙拉；另外裝醬汁的小碟和大盤子也產生了大小的對比。這些對比讓食物的排列看起來更有節奏感，更吸引人。

忽略對比可能會很糟糕 ✕

盤中有開放三明治、蔬菜沙拉、香椿炒蛋三個部分，雖然其中沒有任何重複的食材，每個部分也都很用心，但都過於繁瑣，明暗度和所占面積也都太相似了，遠遠看去就是模糊的一團，失去了焦點。

04 色彩

我們都知道，色彩是一門很深的學問，但與繪畫中的調色不同，大部分食物都有其固定顏色，只要我們記住一些色彩搭配的規律，擺盤時就可以有跡可循了。

互補色

常見的互補色有三組：紅綠互補，黃紫互補，藍橙互補，這些顏色搭配起來會有很強的視覺衝擊力，只要運用得當，就可以使我們的擺盤更加精彩。

紅綠搭配是我的早餐中最常見的一種，只要讓兩種顏色的面積差異大一些，就會很和諧：比如一把綠葉菜配兩顆小番茄；或者像草莓這種本身就是天然的「紅綠配」，絕對不會感到俗氣。

黃紫搭配在擺盤中的效果非常顯著，經常使人覺得食物香甜可口。這碗紫薯優格和幾塊芒果的明亮度比較統一，其中還加了一些黑白這種中性色做調和，並以紅色點睛，整體看起來更豐富自然。

藍橙搭配不算常見，因為很少有藍色的食材，所以我經常用藍色餐具來搭配橙色占比較大的食物，比如煎蛋、西多士、煎鮭魚、柳丁等。盤子的亮度比食物低一些，可以更好的突出美食。

冷色與暖色

冷色會給人清爽和冰冷的感覺，暖色則是讓人感到溫暖和親切的顏色。

在常見食物中，除了綠色屬於冷色，其他基本都是暖色的。我通常會選擇以暖色為主、冷色為輔的搭配，因為暖色會讓食物看起來更誘人，更讓人有食慾，而冷色則起到襯托的作用。以冷色為主的搭配，一般用在夏季的涼爽食物或減脂餐當中。

在我看來，70% 左右的暖色搭配 30% 左右的冷色，就是非常標準的美食擺盤，暖色中要有盡量多一些的變化，黃色和橙色為主的顏色可以多一些，而像紅色這種特別濃烈的顏色則要少一點。

05 立體感

雖然我們吃的食物都是有體積的，但擺盤時還是會存在立體感的問題。在剛學習擺盤時，很多人都會在盤中「作畫」，擺一些很平面化的造型，所有食材都擺得平平的，這樣最多也就算有一個「浮雕效果」。

我們可以把盤中的食物當作雕塑品，擺出空間感和體積感，讓它無論從哪個角度上看，都同樣美好，這樣的擺盤會更有視覺衝擊力。

當然，不一定真的要把所有食物都堆得很高才叫有立體感，就算是幾片黃瓜，改變它們的厚度和疊加方式，都可以得帶來不同效果的立體感。

增加層次感

好幾種食物放在一起的時候，我們可以讓它們看起來關係很「緊密」，相互疊搭，相互遮擋，這樣即便是很簡單的食物，看上去也會有層次感和空間感，也更吸引人。

菜葉的空氣感

在擺放沙拉菜葉時，盡量不要讓菜葉之間太過緊密，多留一些空間，這樣擺出來的沙拉會更有靈魂和生命力，就像很多人喜歡的空氣感髮型，充滿活力！這種立體感就好像紙團與白紙的區別。

06 創新

過於常見的擺盤造型已經很難打動我們（例如把水果擺成愛心或笑臉形狀），你可能使用了前面提到的所有原則，畫面也不錯，但就是很難給人帶來新鮮感，因為我們已經審美疲勞了。

但有人會說：哪有那麼多新花樣可做呢？其實不一定要有翻天覆地的變化，只需動動腦，做一些細節上的改動，就會很不一樣了。下面給大家分享一個我的創新思考過程，這是關於「香蕉船」的創意擺盤。

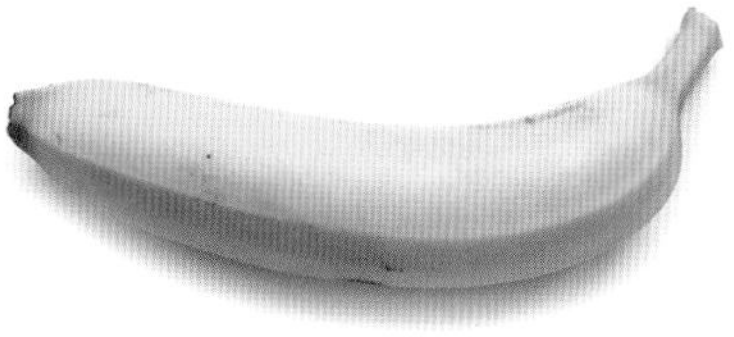

STEP 01

香蕉本身的顏色雖然很好看，
但就這樣擺在這裡好像有點普通呀！
有什麼方法可以讓它看起來有趣一些呢？

STEP 02

用一半的香蕉皮作為容器，露出裡面的香蕉肉，
這樣看起來好像有些與眾不同了！
但是白白的香蕉肉好像缺少一些變化。

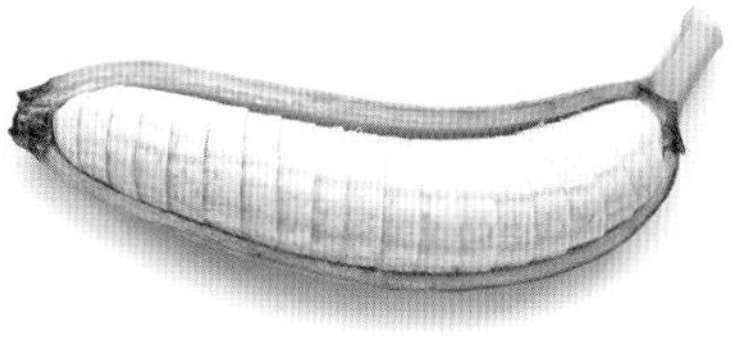

STEP 03

把香蕉肉取出來切成片，再裝回去，
這樣可以增強視覺效果，而且還方便用叉子來吃。
但好像並不是想像中的效果，那些紋理很不明顯。

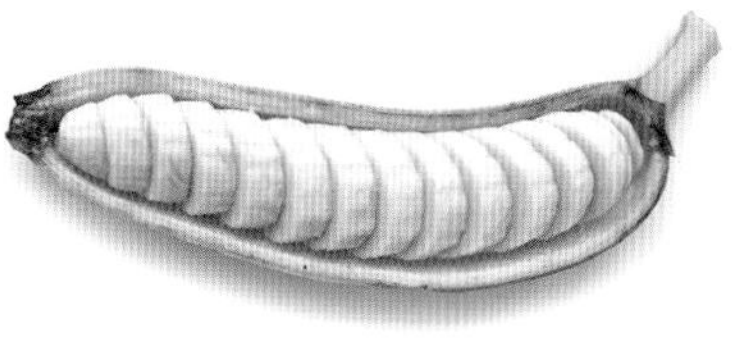

STEP 04

分別從幾處取出幾片香蕉，留出足夠空間，
然後把剩餘的香蕉片傾斜排開，
層次感馬上就出來了！

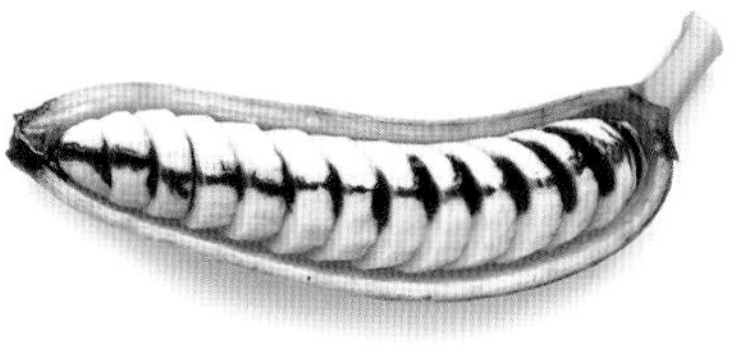

STEP 05

本以為到上一步就結束了，但是，創意無止境嘛！
這麼好的層次感，怎麼能不加上點睛之筆呢？
香蕉和巧克力是絕配，那就淋上一條巧克力醬吧！

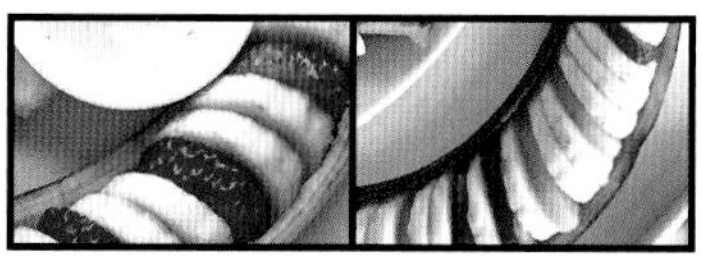

STEP 06

永無止境！香蕉片色彩單一，那我們就加入其他水果。
搭配草莓片，很像「耶誕節拐杖」吧？
只要是切成同樣大小的片，什麼食材都可以搭配進來。

07 細節

我在做設計時就會非常注意細節，也很相信「細節決定成敗」。擺盤也是如此，如果我們在掌握了前面的那些技巧之後，還能把控好各種細節，就算是能力有限，別人也會感受到我們的用心。

有時去一些高級的餐廳，雖然廚師水準很高，但有些菜品我們卻能感覺到是趕時間做的，被糊弄了，就是因為他們沒有用心把控好細節。

用花刀增加細節

給原本常見的食材加一些花刀，雖然口味上沒有任何變化，但視覺上立刻讓人眼前一亮。

如果只是給香菇隨便劃一個「十」字，那只能起到加快變熟的作用，但刻成有「立體感的十字」，就會讓它變得更加精彩。

用水果刀給奇異果和水煮蛋加一些凹凸起伏的紋理，而且水煮蛋的紋理還是螺旋狀的，這樣的細節能讓人覺得舒適。

一片普通的檸檬，中間切開卻不切斷，扭成一個「S」形來擺盤，不但可以讓它變得生動，還有了立體感。

調味品來點睛

調味品不但可以使食物更加美味，還能讓擺盤更出色、更有層次，讓我們食慾大增。

在沙拉上撒一些碎起司和堅果碎，讓原本簡單無味的食物看起來更讓人有食慾，當然吃起來也更美味。

嫩滑、金黃的炒蛋本身就很誘人，但顏色有些單一，加一些調味料，層次就豐富起來了。

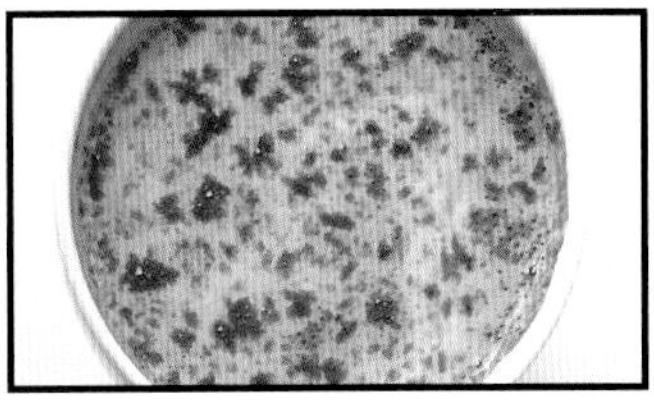

抹茶用熱牛奶沖調後會是均勻的綠色，不過我會特意用冷牛奶沖調再加熱，這樣就會在表面呈現豐富的細節。

保持整潔

擺盤完成後，記得把餐盤邊的食物碎屑或灑出來的醬汁和水滴擦去，乾淨整潔的擺盤會讓人看起來更舒服！它雖然看起來不是重點，但也是我每次必做的步驟。

附錄

開店必學：
早午餐拍攝與後製修圖

PHOTOGRAPH
POST PRODUCTION

拍攝
PHOTOGRAPH

對於專業的美食攝影來說，利用各種巧妙、節省成本的創意去完成客戶想要的效果，是非常了不起的事情。比如更換各種不同樣式的背景板來類比多種風格的場景等等，但對於像我這樣想記錄自己每天「真實早餐」的人來說，就不太合適了。

我希望畫面中的一切都是我真實生活中的樣子，這樣多年後看照片回憶起的也都是當時真實的情景。這就好像電影會分商業片、文藝片、紀錄片等等，目的不同，拍攝手法也會不同。

我每天都是在自家陽臺邊的白色餐桌上拍攝，桌面力求簡潔，不會特意為了擺拍使用背景板、餐布等道具，光源就是室外的自然光。大家都知道，光線對於一張照片來說是非常重要的，自然光下拍出的食物看起來會更真實自然，而陽臺邊也是我家裡光線最充足的地方。拍照的時候我會盡量避免光線直接照射在食物上，因為這樣的光影會比較生硬，缺乏柔和舒適的感覺。

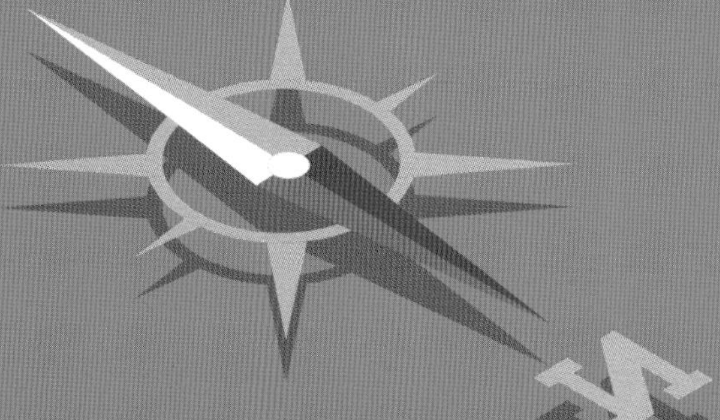

手機拍攝

我都是用手機來拍攝早午餐，選擇手機拍照主要是因為方便快速，對著食物按一下拍攝鍵就可以了，不會占用我吃飯的時間，食物也不會因為等得太久而變涼，影響口味。

最初我也嘗試過用單眼相機來記錄我的料理，可能是因為喜歡美術又學設計，我一直都對攝影感興趣，很多年前就購置了單眼相機以及各種攝影器材，平時經常拍著玩。

但是早上用單眼拍攝照片，還是比較費時費力，這讓本就緊湊的早晨變得更加匆忙，縮減了我享受早午餐的時間。現在手機的各方面性能都在飛速提升，大大降低了攝影的門檻和成本，手機攝影早已進入了我們的生活，我們可以隨時用手機記錄、傳播和交流。

俯視角

用手機拍攝雖然很簡單方便，但是它拍出來照片色彩不如相機豐富，虛實變化也沒有那麼強。為了彌補手機的這些不足，我選擇用俯視角拍攝，這樣的畫面看起來更加平面，也就不用在乎虛實變化了，簡單的色彩也會更好處理。俯拍還可以更全面記錄我這一餐中的所有食物，這也很符合我做「早餐記錄」的這件事。

後期修圖
POST PRODUCTION

每天拍攝完餐點，我還會將照片修圖，這其中最重要的步驟就是「調色」。色彩是客觀存在的，但也是被我們主觀認知的，在我們觀察和採集顏色的過程中會有很多因素造成誤差。

無論多麼高級的相機或手機，也都只是人類發明來還原眼睛觀看萬物的工具，拍出來的照片顏色有時會與肉眼看到的區別很大。我希望能在後期調色的過程中盡量減少這些偏差，讓最終效果更接近我眼中看到的顏色。

01 每個人肉眼看到的顏色並不完全相同

物體本身並沒有顏色，是物體反射或透射光線時吸收了不同顏色的光波，才使之呈現出豐富多彩的顏色。這些光波透過我們的視覺神經傳輸到大腦，而我們每個人的視覺細胞都不完全相同，所以每個人看到的顏色也會有些許不同。

02 不同款式的相機或手機拍出來的顏色也不同

影響成像畫質的主要部件有圖像感測器、影像處理器以及鏡頭，而每個相機或手機品牌使用的這些部件品質都不相同，越高級的部件顯示的顏色就越豐富，這使得每個品牌都有著自己的顏色特點和優勢，比如 Canon 適合拍人像，Nikon 適合拍風景等。

03 顯示裝置不同也會影響顏色還原

我們肉眼可見上百萬種色彩，通過顯示器、印表機等設備只能重現其中的一部分顏色範圍，我們在不同領域創造出了很多套這樣的顏色範圍，稱為色域。不同的顯示器可能會使用不同的色域，比如 sRGB、Adobe RGB 等，顯示出來的照片顏色自然也會有一些差別。

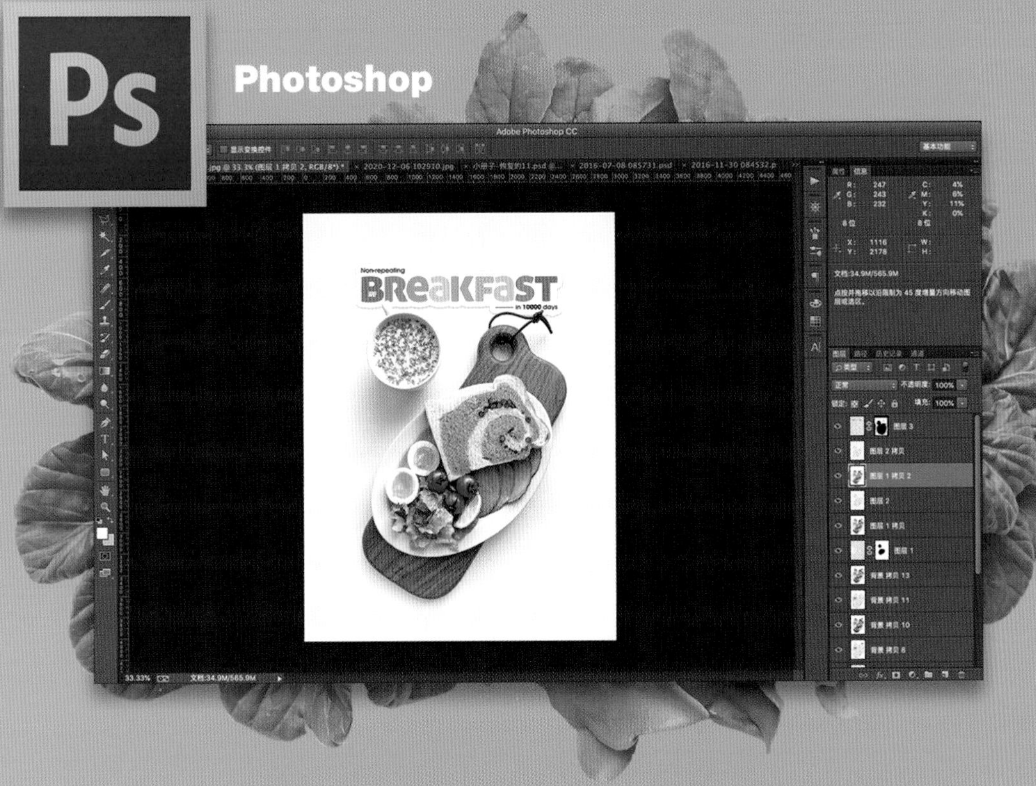

調色軟體

我的照片都用電腦上的 Photoshop 軟體來調色。Photoshop 是非常強大的影像處理軟體，可以全方位的後期處理照片，它也是我平時工作中使用最頻繁的軟體，我使用時非常得心應手，完全不會覺得麻煩。

但對於大部分普通人來說，聽到 Photoshop 這種專業的軟體可能會覺得很頭大，大家更喜歡使用一些相對簡單方便的手機 App 來處理照片。現在手機攝影越來越普及，各種後期調色的 App 也應運而生。

這些 App 簡化了大部分的常用操作，還預設了很多濾鏡，有了這些設計師提前編輯好的調色方案，我們只需要選出自己喜好的風格就可以了，哪怕不了解專業的美術知識也完全不成問題。我們應該慶幸生活在這樣的時代，感謝科技使我們與美的距離變得更近！

Snapseed　Photofox　VSCO　美圖秀秀　Lightroom　印象

修圖技巧 SKILLS

無論是電腦上的 Photoshop 還是手機上的 App，修圖概念都是一樣的，只要思路清晰，用什麼軟體調色都不會差太多，正所謂：「得技為下，得法為中，得意為上」。我不想在這裡講具體的操作流程，因為每款軟體的操作都有不同，我會總結幾個我認為最有必要的步驟，這些步驟可以在幾乎所有調色 App 上做到。

01 調整偏色

打開一張照片時，我首先會看整體是否有「偏色」，要保證它基本沒有偏色之後才能繼續後面的步驟，不然後面看久了可能就分不出偏不偏色了。我的食物照片都是以白色為背景拍攝，稍有偏色就會表現得比較明顯，所以這一步更是必不可少。

照片偏色，一般都是受到周圍環境光的影響，比如陰天時很有可能偏藍，太陽出來後又可能偏紅。因為我拍的是食物，我一般會讓照片稍稍偏暖色一些，這樣看起來會更讓人有食慾。

我們可以透過調整色階、曲線、白平衡等操作來修正偏色，在一些手機 App 裡也可以透過「色溫」功能來調整。藍色代表冷，黃色代表暖，微調數值就可以了，操作很簡單。但怎樣才算是不偏色呢？這就要靠我們的眼睛來識別了，平時多觀察、多練習，糾正偏色的能力也會越來越強。

陰天的時候照片可能會偏藍，看起來讓人沒什麼食慾

透過調整色溫可以使顏色變暖，更像我們肉眼看到的食物顏色

02 調整明暗

修正了偏色之後，我會調整照片的明暗關係。前面提到我都是在自然光下拍攝，這種光線雖然很適合拍食物，但是不太穩定，陰天的時候照片會很暗，光線太強時又容易過曝，所以調整照片的明暗也是我的必做步驟。

我的食物照風格比較明快清新，大多數時侯我會先整體增加一些亮度，然後把暗部再提亮一點，使明暗對比相對柔和一些。我們可以透過大部分修圖 App 上的「亮度、對比度、高光、陰影」等功能來實現效果。

注意每次調整時盡量「微調」就好，調整的幅度不要太大，不然畫面可能會過於明亮，這樣的效果不太適合表現食物，給人的感覺就像是在一張被無數聚光燈照射的白桌子上吃飯，過於刺眼，很難讓人覺得輕鬆舒適。我通常都會反覆調整多次，慢慢達到自己想要的效果。

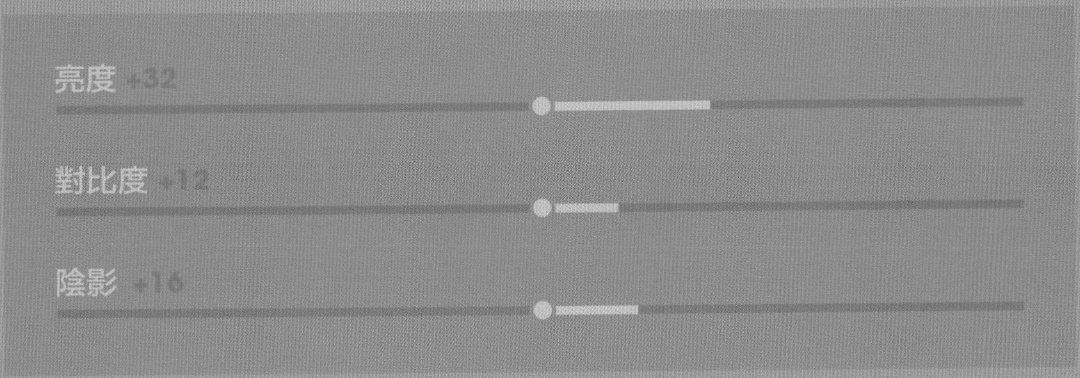

照片有些暗，我們來增加一些亮度，注意要微調，避免過曝

調亮後的照片部會比較明顯，增加暗部的亮度，使照片更加柔和

03 調整局部顏色

經過前面兩個步驟，照片的顏色已經基本是我們想要的效果了，但是這種對顏色整體的調整，很難保證照片中的每個細節都足夠完美，所以這時候我會再看看有沒有需要局部調整的顏色。

食物中經常出現的顏色主要是以紅、黃、綠為主，其中紅和黃是暖色，綠是冷色，一般為了讓食物看起來更好吃，常常會把顏色調得偏暖一些，但這個時候綠色就很容易偏黃了，所以我都會先調整綠色部分。

早午餐中的綠色一般都是蔬果類，以綠葉菜為主，如果它們看起來偏黃，那就會給人「不新鮮、不健康」的感覺，但也不能太綠，不然看起來就不像食物，像塑膠了。

在保證綠色正常的情況下，我會讓麵包、肉類、蛋黃等食物的顏色更暖一些，比如蛋黃的顏色如果是偏冷的檸檬黃，我就會把它調成偏橙色，這樣的蛋黃看起來更讓人有食慾。總之對於美食照片來說，調色的首要目的就是讓食物看起來更美味、誘人。

綠葉菜發黃的話看起來會覺得不新鮮、不健康

新鮮的綠葉菜看起來應該是綠綠的，有清脆感

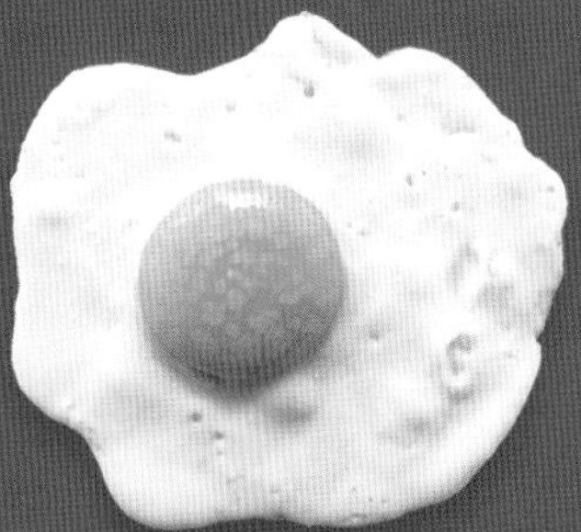

蛋黃如果是偏檸檬黃的顏色，看起來會讓人覺得有些生冷，沒那麼美味

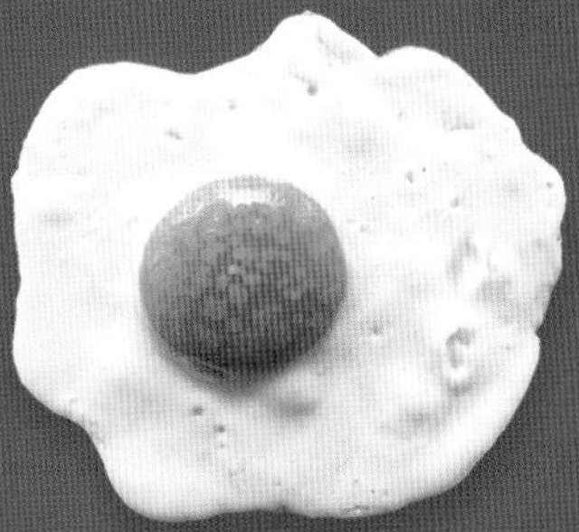

橙黃色的蛋黃看起來更讓人有食慾，人們大多更喜歡偏暖色的食物

04 加 logo

我一直從事平面類的設計工作，可能是有點職業病——每天拍的早餐對我來說並不只是一張照片，而是當作平面作品來對待，所以裡面也會加入一些設計感。

對於攝影來說，照片上加的一些文字資訊通常被稱為「浮水印」，用來註明出處、防止盜圖等，但在我的食物圖裡，我會將這些文字 logo 融入背景中，比如讓 logo 的一部分像是被食物遮擋在後面，這樣看起來更自然生動，很多海報和雜誌封面都會用到這種效果。

操作其實很簡單，雖然各種軟體中的方法不完全相同，但總結一句話：只要擦去 logo 與食物重疊的部分就可以了，注意的細節越多，效果就越真實。

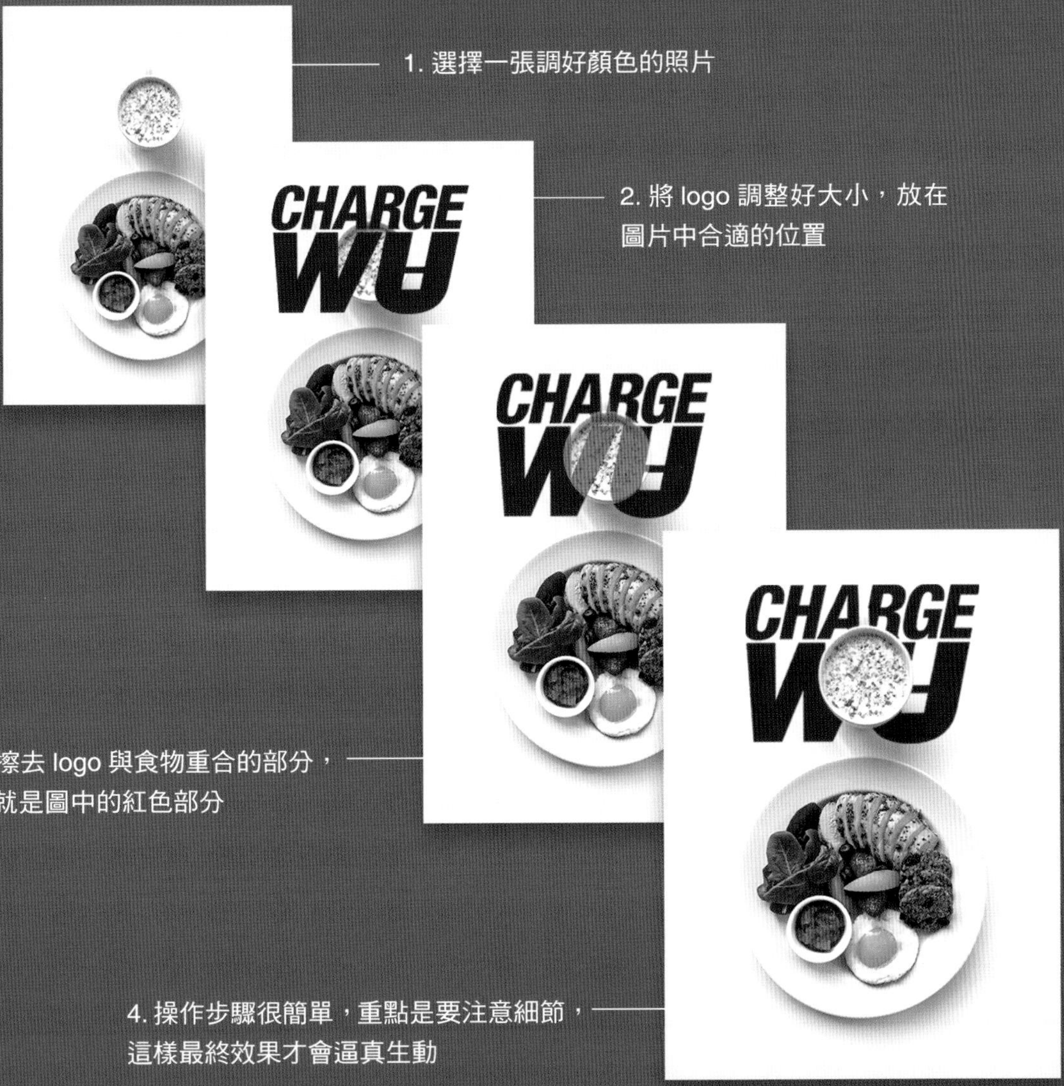

1. 選擇一張調好顏色的照片

2. 將 logo 調整好大小，放在圖片中合適的位置

3. 擦去 logo 與食物重合的部分，也就是圖中的紅色部分

4. 操作步驟很簡單，重點是要注意細節，這樣最終效果才會逼真生動

後記

早在 2015 年，就開始有出版社找我洽談出書，當時我還覺得很不可思議，雖然我很想出自己的書，但我才做早餐半年而已，真的可以寫書了嗎？我一直認為，一件事不做上三、五年，根本沒資格指導他人，更別提出書了。不過最後出版社的編輯還是說服了我，先著手準備總是沒錯的。但是誰曾想，這一寫就真的寫了將近五年……。

有人會覺得這樣一本書寫五年也太久了吧，但其實這本書的所有內容都是由我親自完成的，包括文字、圖片、拍攝、修圖、排版、封面設計等，當然這期間我也求助過各個領域的朋友，這畢竟是我第一次一個人做書，還是遇到了很多的困難；而且我又是一個追求完美的人，各個方面都想做到最好，很多頁面的排版改了不下十次。雖然我很清楚最後的成品也會有很多不滿意的地方，但至少這樣的投入可以讓我感覺對得起自己。

是的，我就是希望這是一本對得起自己的書，我希望在很多年後再次翻看這本書的時候，我可以說：「嗯，雖然當時的自己有些幼稚，但至少挺用心的嘛。」這本書記錄了我對於健康飲食所學到的一切，無論你是想減脂，還是想帶給家人健康飲食，我都希望可以對你有所幫助。

我現在還記得自己當時想要減肥，卻找不到方法時的痛苦。書中還有我對於食物美的理解、好看的食器、精緻的擺盤，如果你只是單純想做美美的食物，也希望你可以從中找到靈感。

我的記錄還將繼續，現在的目標是 10,000 天不間斷，這是一個占據了大部分人生的計畫，但它其實也很平常，我只是希望健康飲食可以真正的融入生活，每天好好吃飯。如果你也想與我一起記錄每天的健康餐點，可以來微博找我哦！（我的微博帳號：ChargeWu）

最後感謝在我寫書時幫助過我的各位：
感謝萬真和韓笑在初期內容提供的幫助；
感謝申娜在排版提供的幫助；
感謝張媛媛在文字提供的幫助；
以及一直催促我出書的各位朋友。

國家圖書館出版品預行編目（CIP）資料

早午餐聖經：超過 2,000 天不重複食譜，嚴選 42 道最撩人食慾，UI 設計師精心設計擺盤，烹調簡單開店絕讚。／吳充著 . -- 初版 . -- 臺北市 : 大是文化有限公司，2022.01
192 面；19×26 公分 .--（EASY；107）
ISBN 978-626-7041-44-4（平裝）

1. 食譜　2. 健康飲食

427.1　110018056

EASY 107

早午餐聖經

超過 2,000 天不重複食譜，嚴選 42 道最撩人食慾，
UI 設計師精心設計擺盤，烹調簡單開店絕讚。

作　　者／吳　充
責任編輯／張祐唐
校對編輯／陳竑悳
美術編輯／林彥君
副總編輯／顏惠君
總 編 輯／吳依瑋
發 行 人／徐仲秋
會　　計／許鳳雪
版權經理／郝麗珍
行銷企劃／徐千晴
業務助理／李秀蕙
業務專員／馬絮盈、留婉茹
業務經理／林裕安
總 經 理／陳絜吾

出 版 者／大是文化有限公司
臺北市 100 衡陽路 7 號 8 樓
編輯部電話：（02）23757911
購書相關資訊請洽：（02）23757911 分機 122
24 小時讀者服務傳真：（02）23756999
讀者服務 E-mail：haom@ms28.hinet.net
郵政劃撥帳號／19983366　戶名／大是文化有限公司
法律顧問／永然聯合法律事務所
香港發行／豐達出版發行有限公司“Rich Publishing & Distribut Ltd”
地址：香港柴灣永泰道 70 號柴灣工業城第 2 期 1805 室
Unit 1805, Ph. 2, Chai Wan Ind City, 70 Wing Tai Rd, Chai Wan, Hong Kong
電話：21726513　　傳真：21724355
E-mail：cary@subseasy.com.hk

封面設計／林雯瑛
內頁排版／林雯瑛
印　　刷／緯峰印刷股份有限公司
出版日期／2022 年 1 月初版
定　　價／新臺幣 460 元
I S B N／978-626-7041-44-4
電子版 ISBN／9786267041581（PDF）
9786267041567（EPUB）